우리는
모두

천문학자로
태어난다

우리는 모두 천문학자로 태어난다

별과 우주에 관한 가장 인간적인 이야기

지웅배 지음

오아시스

추천사

　인간은 허리를 곧추세워 두 발로 서게 되자 고개를 들어 별을 헤기 시작했다. 인간의 직립보행과 함께 천문학이 탄생한 셈이다. 밤은 낮의 세상을 감추지만 우주를 드러낸다. 밤하늘의 모든 별은 우리를 중심으로 움직이는 것처럼 보였다. 코스믹 나르시시즘에 빠진 인간에게 그렇지 않다고, 우리는 우주의 한구석에 놓인 평범한 행성에서 살아가는 존재라는 것을 알려 준 것이 과학이다. 과학이 발전하면서 보이는 만큼만 알 수 있는 세계는 아는 만큼 보이는 세계가 되었고, 이제 천문학은 보이는 것뿐 아니라 암흑 물질과 같은 보이지 않는 세상도 겨눈다. 대기의 움직임으로 별빛이 바람에 스치우자 지구 밖 우주에 망원경을 설치한 인간은 이제 더 놀라운 발견을 이어가고 있다.

　천문학자이자 과학 커뮤니케이터인 우주먼지 지웅배 님이 멋진 책을 냈다. 천문학의 발전 과정과 함께 천문학의 아름다움을 담담히 서술한 저자는 아직 답을 알지 못하는 흥미롭고 중요한 질문도 여럿 소개한다. 아주 먼 블랙홀의 모습을 이미지로 만들어 낸 사건의 지평선 망원경 프로젝트는 달에 놓인 도넛 사진을 찍은 셈이고, LIGO의 중력파 검출은 4광년 정도 떨어진 별 '프록시마 센타우리'에 놓인 머리카락 두께 차이를 감지한 셈이다. 주로 빛 정보를 숫자로 바꿔 연구하는 현대 천문학은 광자 통계학이자, 데이터 사이언스와 인공지능이 어우러진 최첨단 과학이다. 저자가 현재 진행하고 어깨 둥실 춤추는 은하를 연구하는 시민 과학 프로젝트 팝핀 갤럭시에도 많은 관심을 부탁한다. 천문학은 자연을 괴롭혀 답을 찾지 않고 우주를 가만히 바라본다. 천문학의 아름다움을 모두가 가만히 관조하길 바란다. 별을 헤는 것은 정말 멋진 일이다.

_김범준(성균관대학교 통계물리학과 교수)

저는 가끔 하늘을 올려다봅니다. 그 순간마다 설명할 수 없는 안도감과 경이로움을 느낍니다. 우주를 바라보는 일은 결국 나를 더 깊이 들여다보는 일이기도 합니다. 이 책을 읽다 보면, 힘든 현실 속에서 내 고민으로만 가득했던 마음의 우주가 진짜 우주를 마주하며 잊고 있던 감각을 서서히 되찾게 됩니다. 끝없이 멀게만 느껴졌던 우주가 사실은 내 안에, 그리고 우리 곁에 함께 존재하고 있음을 깨닫게 하지요. 닿을 수 없지만 언제나 곁에 있는 우주처럼, 이 책을 통해 저 머나먼 별들과 조금 더 가까워지시길 바랍니다.

_안은진(배우)

우리 모두는 아주 오래전 우주의 먼지들이었겠죠. 그리고 아주 먼 훗날 또 다시 우주의 먼지가 될 겁니다. 우주먼지였던 우리가 우주먼지 님이 쓴 책을 읽으며 우주의 먼지들을 바라보고 있는 것. 그것보다 더한 기적이 있을까요.

나는 우주에 대해 잘 알지도 믿지도 못합니다. 빅뱅, 블랙홀, 엄청난 시간과 거리, 그리고 천문학자들이 말하는 우주적 스케일의 일들을요. 유일하게 믿는 것은 이런 믿기 어려운 이야기를 전하는 우주먼지 지웅배 교수의 진지하고 친절한 태도, 우리 은하를 다 담은 듯한 진실된 그의 눈빛입니다. 그래서 이 책을 읽습니다.

연봉, 자동차, 아파트 이야기 말고 우리 삶에 어떤 이야기들이 더 있을까요. 혹시 우리가 큰마음 먹지 않고도 우주에 대해 가족들, 친구들과 이야기 나눌 수 있는 세상이 된다면 그보다 더 좋은 세상이 있을까요. 아파트 위치를 얘기하듯 별자리를 얘기하고, 연봉을 비교하기보다 별의 질량과 크기를 비교하는 세상이 오길 간절히 바랍니다.

_정영진(정프로, '과학을 보다' 진행)

아리스토텔레스와 아이작 뉴턴, 그리고 일론 머스크가 상상한 우주는 너무나도 다릅니다. 하지만 그들이 바라본 밤하늘은 한 번도 변한 적이 없기에 우리는 우주를 매개로 과거와 현재, 미래를 잇습니다. 이 책은 수천 년에 걸쳐 별을 헤고, 질문을 던진 수많은 이들의 이야기를 담았습니다. 손에 쥔 스마트폰만 보며 스스로 천문학자임을 잊고 살던 우리에게 이 책은 고개를 들어 밤하늘을 바라볼 낭만을 선사합니다.

_이강민(CBS 〈이강민의 잡지사〉 편집장)

나는 천문학이 무척 매력적인 학문이라고 생각한다. 만질 수도, 들을 수도 없고 실험이나 검증조차 쉽지 않으며, 누군가 명쾌한 답을 알려 주지도 않는다. 그럼에도 천문학자들은 캄캄한 우주 속에서 무언가를 찾아내고, 상상하며, 이해해 나간다. 당사자들은 고개를 갸우뚱할지 모르지만, 나는 굳이라도 '로맨틱한 천문학자'라는 수식어를 붙이고 싶다. 이 책을 읽다 보면, 바쁜 일상으로 꽉 찬 나를 마치 우주의 망망대해 어딘가에 툭 떨어뜨려 놓은 듯한 기분이 든다. 그리고 어딘가에서 나타난 천문학자와 나란히 서서 보이지 않는 곳을 함께 바라보며, 드러나지 않은 우주의 비밀을 몰래 전해 듣는 특별한 사건에 가담하는 듯한 착각마저 든다. 오늘 밤도 나는 소리 없이 반짝이는 별빛 아래에서 이 책과 함께, 우주의 먼지가 들려주는 우주의 비밀에 귀 기울이게 될 것이다.

_진돌(웹툰 작가, 유튜버)

처음 책 제목을 보았을 때는 솔직히 믿기 어려웠습니다. 저는 그저 가끔 밤하늘을 올려다보다 몇 개밖에 모르는 별자리를 찾아보거나, 카메라의 줌 기능을 시험하기 위해 달 사진을 몇 번 찍어 봤을 뿐이니까요. 게다가 숫자에도 약해 별과 별 사이의 거리나 단위가 보일 때마다, 마치 우주가 팽창하듯 나와 우주의 거리가 멀어지는 듯 느껴졌지요. 하하! 이렇게 조금은 갸우뚱하며 이 책을 펼쳐 들었습니다. 하지만 읽으면 읽을수록 신기하게도 한없이 멀게만 보였던 우주가 조금씩 가까워졌습니다. '나와 우주는 별개이고 아주 먼 거리에 있다'라고 생각했는데, 사실은 내가 바로 그 우주 안에 존재하고 있다는 너무도 당연한 사실이 친근하게 느껴졌어요. 전 세계의 천문학자들이 나라와 인종, 성별과 나이를 넘어, 심지어 과거와 미래까지 하나의 큰 팀처럼 협력하며 연구하는 모습은 마치 그들이 저에게도 어깨동무하며 함께하자고 반겨 주는 듯한 따뜻함으로 다가왔습니다. 이 책은 저에게 제 인생에는 결코 없을 것 같았던 천문학자 동료들이 있음을 깨닫게 해 주었습니다!

_히디(웹툰 작가)

프롤로그

별을 바라보는 것은
가장 인간다운 행위다

많은 사람들이 '천문학은 쓸모없다'라고 말한다. 물론 천문학자의 입장에서 듣기에 유쾌하지는 않지만, 내가 봐도 썩 틀린 말은 아니라는 생각이 든다.

솔직히 맞는 말이다. 천문학은 지구 바깥을 이야기한다. 지구에 갇혀 사는 우리의 삶과 아무런 상관도 없는 것들만 이야기하는 듯 보인다. 태양계 끝자락에서 돌 조각 몇 개가 부딪치는 일이나, 수억 광년 거리에 사는 은하의 암흑 물질 비율 따위를 따지는 일이 우리 일상에 무슨 도움이 되겠는가? 천문학은 딱히 우리에게 이득이 되지도, 그렇다고 피해를 주지도 않는다. 천문학은 그 자체로 무해무익한 매력을 갖는다.

천문학이 얼마나 쓸모없는 짓인지 고민하다 보면, 자연스럽게 반대로 이런 질문이 따라온다. 그렇다면 왜 인류는 이렇게 쓸모없는 짓을 수천 년 동안 멈추지 않고 해 온 걸까? 천문학이 정말 아무런 쓸모도 없는 시간 낭비, 돈 낭비인 학문이라면 진즉에 역사의 뒤안길로 사라졌어야 하는 게 아닐까? 대체 왜 우리는 천문학을 손에서 놓지 않고 이어 오고 있는 걸까?

딱히 와닿는 현재의 쓸모가 없는데도 인류가 천문학을 꾸역꾸역하고 있다는 점에서 나는 천문학이야말로 가장 인간다운 학문이 아닐까 생각한다. 인간은 원래 쓸모있는 것만을 위해 살지 않기 때문이다.

쓸모없는 행동 안에는
인간다움이 있다

인간이 아닌 다른 동물들의 삶은 쓸모 있는 것들로만 가득 차 있다. 먹이를 찾아 사냥을 떠나고, 추위를 피해 굴을 파고, 자손을 남기기 위해 번식한다. 심지어 그렇게 태어난 자식들을 딱히 돌보지도 않는 것 같다. 다음 세대에 유전자를 남기겠다는 최소한의 쓸모를 이루고 나면, 그대로 자식을 떠나 버린다. 어찌 보면 동물의 삶이야말로 낭비를 최소화하고, 오로지 쓸모 있는 행동만 하며 살아가는 가장 합리적이고 효율적인 삶이라 볼 수 있다.

그런데 가끔 우리는 동물들의 이상한 행동을 보게 된다. 고양이가 집에 있는 인형을 쓰다듬는다거나, 강아지가 텔레비전 음악 소리에 맞춰 고개를 까딱거리는 모습들 말이다. 최근에 목격된 침팬지들의 모습은 과학자들을 놀라게 하기도 했다. 침팬지들이 나무의 구멍 난 자리에 돌멩이를 쌓거나, 물이 떨어지는 폭포 꼭대기에 올라가서 춤을 추는 모습이었다.

이러한 행동들은 생존이나 번식과는 아무런 상관이 없다. 오히려 불필요하게 에너지를 쓰는 바람에 생존에 더 불리할지도 모른다. 일부 문화인류학자들은 이러한 침팬지들의 이해할 수 없는 집단행동을 원시적인 종교 행위의 기원으로 추측하기도 한다. 우리는 이해하지 못해도, 침팬지들 사이에서는 이미 문화적으로 유행하는 어떤 의미가 담겨 있으리라는 이야기다.

인간은 이따금 동물들이 위와 같은 쓸모없는 짓들을 할 때, '인간처럼 행동한다'라고 표현한다. 그리고 동물이 '인간 같은' 모습을 보일 때 가장 놀라워한다. 여기에서 알 수 있듯이, 어쩌면 '인간다움'이 가장 크게 발현되는 순간은 바로 쓸모없는 행동을 할 때인지도 모른다. 생존과 번식, 지극히 실용적인 목적과 전혀 관련 없는 행동을 할 때 우리는 비로소 가장 인간적인 존재가 된다.

밤하늘 멀리, 당장 갈 수도 닿을 수도 없는 먼 거리에서 빛나는 별을 바라보는 것만큼 쓸모없는 짓이 또 있을까? 그런데 인간은 허리를 세우고 직립보행을 시작한 이래로 이 행동을 수십만 년째 줄기차게 해 오고 있다.

나는 별을 볼 줄 아는 능력이야말로, 직립보행이 우리에게 가져다준 가장 특별한 선물이라고 생각한다. 덕분에 우리는 다른 네발 짐승들과 달리, 고개를 조금만 들어올려도 편하게 하늘을 올려다보는 존재가 되었기 때문이다. 덕분에 우리는 우주를 알고, 우주를 궁금해하며, 광활한 우주 안에서 외로움을 느끼는 존재가 되었다. 그리고 이 우주에서 별을 보는 행위를 할 줄 아는, 그것의 재미를 느낄 줄 아는 유일하고도 아름다운 존재가 되었다.

당신도 이미
천문학자로 태어났다

이 책은 우리가 계속 별을 올려다볼 수 있도록 만들어 준 많은 이들의 이야기다. 망원경조차 없었던 고대부터, 최첨단 우주 망원경이 우주로 올라가 매일 새로운 바탕화면을 건져 주는 오늘에 이르기까지, 우리는 멈추지 않고 하늘을 바라봤다. 그 쓸모없는 별 보기를 멈추지 않은 덕분에 우리는 인간다운 존재로 남을 수 있었다. 이 이야기는 우리가 꾸준히 인간일 수 있도록 만들어 준 이들의 이야기다. 그리고 밤하늘을 올려다보는 일은 아리스토텔레스나, 뉴턴이나, 갈릴레오가 아니어도 누구나 할 수 있는 일이다.

책은 총 6장으로 구성하였다. '1장. 모든 이야기는 별을 세며 시작되었다'에서는 앞서 말한 천문학의 인간다움을 이야기하였고, 그러기 위해 최신 천문학의 발전 수준과 인공지능 천문학을 먼저 언급하였다. '2장. 오래된 믿음은 어떻게 무너졌을까'에서는 천문학의 패러다임이 크게 바뀐 순간들을 조명해 보았다. '3장. 수 광년의 어둠을 뚫고 날아 온 메시지'에서는 천문학에서 가장 중요한 키워드인 빛에 관한 발견들을 이야기했다. '4장. 사과는 어떻게 우주의 힘을 설명했을까'에서는 마찬가지로 우주에서 가장 중요한 힘 가운데 하나인 중력과 중력파의 발견을 이야기했다. '5장. 텅 빈 공간을 채운 보이지 않는 힘'에서는 빛과 중력으로 설명되지 않는 우주의 빈 공간을 채운 물질, 암흑 물질에 관해 썼다. 그리고 마지막으로 '6장. 지구 너머로 향하는 이야기'에서는 지구 밖에서 생명의 근원을 찾아보려는 인류의 노력과 우리 앞에 놓인 질문에 대해 떠올려 보기를 권하는 내용을 담았다. 한 장 한 장 읽어 가면서, 보이는 세계만을 알 수 있는 천문학의 무용함과 매력을 깨닫게 되기를 바란다.

허리가 세워지고 고개를 들어올리는 법을 깨달았던 순간, 어쩌면 지상의 모든 인간은 천문학자가 될 준비를 끝마쳤는지도 모른다. 나는 진실로 믿는다. 우리 모두는 이미 천문학자로 태어난 셈이라고. 별자리를 관찰하든, 달빛을 사진에 담든, 밤하늘을 올려다보는 순간 누구나 천문학자가 될 수 있다고.

당신이 천문학에 관심이 있든 아니든, 이 책을 읽는 독자에게 전하고 싶은 메시지는 단 하나다. 책장을 펼친 순간부터 당신 스스로가 천문학자의 운명으로 태어났음을 깨닫는 것이다. 이 책이 거기에 작은 역할이나마 하기를 바란다.

차례

추천사 4

프롤로그
별을 바라보는 것은 가장 인간다운 행위다 9

1장. 모든 이야기는 별을 세며 시작되었다
어린 왕자의 네 번째 별에는 천문학자가 산다 21
인류는 점점 더 멀리, 더 많이 관측한다 25
데이터의 시대가 오기 전, 별빛을 세던 사람들이 있었다 34
천문학자는 우주의 관상을 본다 40
하늘 아래 우리는 모두 천문학자로 태어난다 43
인공지능, 우리 곁에 나타난 새로운 천문학자 50
천문학의 가치는 인간의 질문에서 시작된다 56

2장. 오래된 믿음은 어떻게 무너졌을까
인간은 우주를 제대로 이해하고 있을까? 65
코스믹 나르시시즘 밖으로 나온 인간 70
지구에서 태양으로, 우주의 중심이 뒤바뀐 순간 82

우주의 팽창도 언젠가는 멈출까? 93
초신성이 밝혀낸 우주의 또 다른 진실 98
앞으로 바라볼 우리의 우주는 어떤 모습일까? 105

3장. 수 광년의 어둠을 뚫고 날아 온 메시지
별로 가득 찬 밤하늘은 왜 깜깜한 걸까? 113
별빛은 우주의 과거를 들려준다 119
눈으로 보이는 세계 그 너머 127
망원경, 우주를 향한 거대한 눈동자 138
마침내 내린 올베르스의 패러독스에 대한 완벽한 해답 147

4장. 사과는 어떻게 우주의 힘을 설명했을까
인류의 역사를 뒤바꾼 세 번의 사과 157
해왕성의 발견은 뉴턴으로부터 시작되었다 166
수성 궤도를 괴롭히는 힘의 정체에 관한 의문 173
태양계가 품은 의문에 해답을 찾은 아인슈타인 178
빛을 휘게 만드는 우주의 신기루, 중력 렌즈 184
우리는 중력파 덕분에 우주를 만지고 느낄 수 있다 191

5장. 텅 빈 공간을 채운 보이지 않는 힘

비어 있는 우주를 상상하지 못했던 사람들 203

우주의 빈틈에는 대체 무엇이 있을까? 212

우주에 숨어 있던 어둠의 물질 223

암흑 물질은 어쩌다 천문학자들을 곤란하게 만들었는가 232

암흑 속에서 부활한 에테르의 그림자 238

우리는 아직도 우주를 모른다 246

우주의 비밀을 파헤치기 위한 끝없는 노력 259

6장. 지구 너머로 향하는 이야기

미국 전역을 발칵 뒤집은 미항공우주국의 발표 269

그래서, 외계에는 정말 생명체가 있는 걸까? 275

붉은 행성에 남아 있는 생명의 흔적을 찾아서 281

인류가 아직도 화성에 발을 내딛지 못한 이유 291

화성 탐사선 퍼서비어런스에게 주어진 특별한 임무 304

우리는 또 다른 지구를 찾아야만 할까? 311

에필로그

천문학은 우리를 겸손하게 만든다 320

사진 및 그림 출처 325

1장

모든 이야기는
별을 세며 시작되었다

어린 왕자의
네 번째 별에는

천문학자가
산다

어린 왕자가 방문한 네 번째 별에는 쉬지 않고 밤하늘의 별을 세는 사업가가 산다. 그는 하루 종일 책상에 앉아 별을 헤아리고, 별의 개수를 장부에 기록한다. 이전까지 아무도 별을 소유한 사람이 없었기 때문에 그는 자신이 모든 별의 주인이 될 수 있다고 생각한다. 그는 자신만의 장부에 별을 빼곡히 예금하면서 자신이 엄청난 부자라는 착각에 빠진 채 흐뭇해한다.

《어린 왕자》에 등장하는 '별을 세는 사업가'는 흔히 돈에 눈이 먼, 어리석은 자본주의를 비판하기 위한 캐릭터로 여겨진다. 하지만 내 생각은 다르다. 어린 왕자가 네 번째 별에서 만난 존재는 단언컨대 천문학자였을 것이다. 매일 밤하늘의 별을 헤아리고, 끝나지 않는 숫자들을 빼곡히 기록하는 그의 모습은 너무나도 오늘날의 천문학자를 닮았다. 대체 별을 세는 일에 무슨 쓸모가 있느냐고 질문하는 순진한 어린 왕자에게 그는 친절하게 알려 준다. 그동안 자신이 헤아린 별의 개수가 무려 오억일백육십이만이천칠백삼십일 개에 달한다고. 이 얼마나 천문학적인 숫자인가! 나는 확신한다. 어린 왕자가 만난 건 분명 천문학자였다.

오늘날의 천문학자는
더 이상 별을 헤아리지 않는다

흔히 동료들과 우스갯소리로 천문학을 '광자 통계학'이라고 부르곤 한다. 별에서 날아온 빛, 즉 광자를 통계적으로 분석하는 일을 한다는 뜻이다. 사람들이 기대하는 천문학의 로맨틱하고 감성적인 이미지와 실상은 많이 다르다. 사실 천문학자라고 해서 매일 별이 쏟아질 것 같은 아름다운 밤하늘만 보면서 살지는 않는다. 오히려 천문학자들과 더 긴 시간을 함께하는 건 밤새도록 꺼지지 않는 컴퓨터 모니터뿐이다. 화면 안에 빼곡히 이어지는 숫자들의 파도를 멍하니 바라보면서, 우주의 비밀을 품고 있는 대어를 건져 올리기만을 기다린다. 천문학자들은 매일 밤, '별멍'이 아닌 '숫자멍'을 하며 밤을 샌다.

특히, 21세기 천문학자들은 더욱이 머리 위에 펼쳐진 진짜 밤하늘을 볼 일이 별로 없어졌다. 지나치게 눈부신 도시의 빛 공해가 하늘 멀리 뻗어 나가면서 별빛이 파묻혀 버리기 때문이기도 하지만, 그보다 이제는 모든 관측 자료를 바로바로 디지털 데이터로 저장할 수 있게 되었기 때문이다. 오늘날 모든 망원경 뒤에는 빛을 받으면 전기 신호가 흐르는 민감한 센서가 장착되어 있다. 수억 광년을 날아오면서 약해진 빛 알갱이, 광자 하나도 센서에 닿는 순간 곧바로 컴퓨터가 이해할 수 있는 디지털 데이터로 변환된다. 그래서 이제는 사람 눈으로 우주의 풍경을 즐기기 위해, 데이터를 알록달록한 컬러 사진으로 바꾸는 작업이 더 군더더기처럼 느껴진다. 우주의 빛이 망원경에 닿고, 그 빛에 담긴 우주의 비밀을 캐내기까지, 사람의 눈은 전혀 고려되지 않는다.

망원경은 광자를 담는 일종의 거대한 그릇이라고 볼 수 있다. 천문학자들은 이 거대한 그릇 안에 모인 수백만, 수천만, 아니 수억, 수십억을 넘는 수많은 별과 은하들의 빛을 헤아린다. 어린 왕자가 만났던 '별을 헤아리는 사업가'처럼 말이다. 이건 지극히 통계적이고 지루한 작업이다. 광자를 모두 헤아리는 데는 너무 긴 시간이 걸리기 때문에, 자연스럽게 천문학자들은 광자를 헤아리는 데 걸리는 시간을 효율적으로 줄이기 위한 고민을 하게 되었다. 그리고 이 과정에서 다양한 고도의 수학적, 통계학적인 도구가 만들어졌다. 오늘날의 천문학은 필연적으로 데이터 사이언스Data Science

의 성격을 띨 수밖에 없다. 한꺼번에 다뤄야 하는 데이터의 용량도 너무 비대해진 탓에, 이제는 슈퍼컴퓨터의 성능에 따라 천문학 연구 성과의 퀄리티가 좌우될 정도다. 그리고 이제는 인공지능이 그 수고를 매우 덜어 주고 있다.

바로 이 지점에서 오늘날 현대 천문학의 매우 흥미로운 매력을 엿볼 수 있다. 사람들은 여전히 천문학자라고 하면, 한적한 산골짜기 천문대에 홀로 앉아 거대한 망원경으로 별을 바라보는 고독한 모습을 떠올린다. 만약 그런 모습을 떠올렸다면, 당신은 아직도 400년 전 천문학자의 이미지에 머물러 있는 것이다. 이제 더 이상 천문학자들은 그런 식으로 우주를 보지 않는다. 아니, 애초에 정말 우주를 눈으로 바라보지도 않는다. 대신 우주에서 쏟아지는 광자를 통계적으로 헤아리고 있을 뿐이다.

인류는
점점 더 멀리,

더 많이
관측한다

현대 천문학이 다루는 데이터가 얼마나 부담스러울 정도로 비대해지고 있는지를 단적으로 보여 주는 재미있는 사건이 있다. 2019년에 공개된 역사적인 사진에 얽힌 이야기다. 사진에는 5천만 광년이나 떨어진 거대한 타원 은하 M87 중심에 숨어 있는 초거대질량 블랙홀의 모습이 담겨 있다. 당시 공개된 사진을 보면, 우리가 영화 〈인터스텔라〉를 보며 상상했던 모습이나 그림으로 접했던 모습과는 다른 불그스름한 도넛 하나만 눈에 띈다. 그리고 블랙홀은 그 사진 속 뻥 뚫린 구멍 한가운데 숨어 있다.

　우주에서 가장 비밀스러운 존재로 여겨지는 블랙홀은, 엄밀하게 말하면 그 자체로 아무런 빛도 내보내지 않기 때문에 사진으

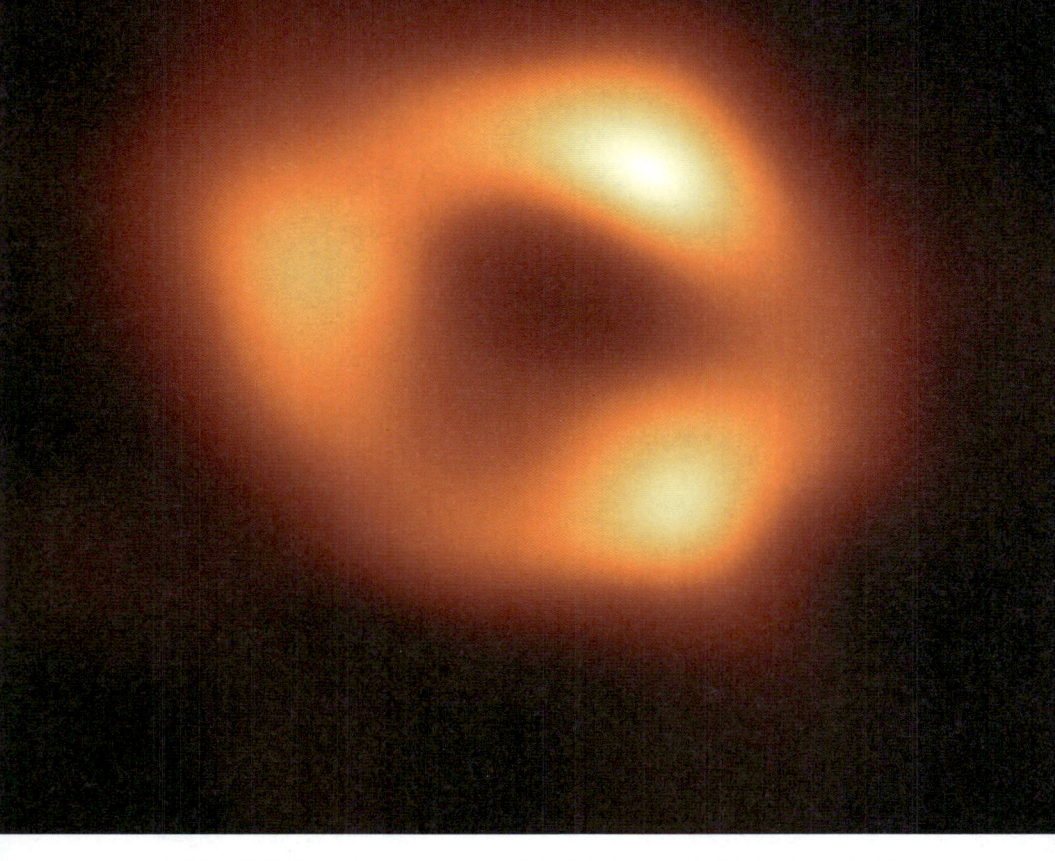

사건의 지평선 망원경으로 관측한 우리 은하 중심 궁수자리 A* 블랙홀 주변 빛의 고리의 모습.

로 담을 수 없다. 다만 블랙홀 주변에 사로잡혀 빨려 들어가는 물질이 뜨겁게 달궈지면서 새어 나오는 빛의 흔적만은 볼 수 있다. 2019년에 공개된 이 사진은 블랙홀 자체를 포착했다기보다는, 블랙홀 때문에 시공간이 왜곡되면서 그 주변에 퍼진 빛의 고리를 보여 준다.

M87 은하 중심에 있는 블랙홀의 질량은 태양의 65억 배나 된다. 그만큼 주변에서 일렁이는 빛의 고리도 아주 거대하다. 블랙홀은 중력이 워낙 강하다 보니, 우주에서 가장 빠른 빛조차 그 중력으로부터 자유롭지 못하다. 블랙홀에 너무 가까이 다가가면 어느 순간부터는 빛조차 블랙홀의 중력을 빠져나올 수 없는데, 이러한 경계를 블랙홀의 '사건의 지평선'이라고 한다.

사진 속 빛의 고리는 사건의 지평선 경계에 아슬아슬하게 걸쳐 있다. M87 은하의 중심에 있는 블랙홀의 빛의 고리는 반지름이 무려 190억km에 달하는데, 태양에서 지구까지의 거리가 1억 5천만km 정도인 것을 감안하면 사진 속 블랙홀의 빛의 고리는 그보다 120배나 더 거대한 셈이다. 여전히 우리 마음속에서는 '태양계 마지막 행성'인 명왕성의 공전 궤도 반지름이 태양과 지구 거리의 40배가 채 안 된다는 것을 생각해 보면 블랙홀의 빛의 고리가 얼마나 거대한지 짐작할 수 있다. 만약 사진 속 붉은 도넛 한가운데 태양을 둔다면, 명왕성까지 아우르는 태양계 전체가 도넛의 구멍 안에 쏙 들어가고도 남을 것이다.

그렇다면 만약 실제 밤하늘에서 M87 은하 중심 블랙홀의 빛의 고리를 눈으로 본다면, 얼마나 거대하게 보일까? 밤하늘 절반을 가득 채울 정도로 아주 크게 보일까? 그렇지 않다. 오히려 정반대다. 맨눈으로는 절대 볼 수 없을 정도로 아주 작게 보인다. 은하까지의 거리가 너무 멀기 때문이다. '던킨'에서 사 온 도넛 하나를 달 표면에 두고, 그 모습을 지구에서 바라본다고 생각해 보자. 달 표면에 놓인 도넛은 우리 눈에 보이지도 않을 것이다. M87 은하 중심 블랙홀의 사건의 지평선이 밤하늘에서 어느 정도 크기로 보일지를 계산해 보면, 딱 달에 두고 온 도넛과 비슷하다. 어지간한 망원경으로는 이 작은 도넛을 들여다볼 수 없을 것이다. 아주 거대한, 정말 지구 크기만큼 거대한 망원경이라면 또 모를까.

인류는 어떻게 블랙홀을
관측할 수 있었을까?

블랙홀이 시공간에 빚어 놓은 도넛을 너무나 구경하고 싶었던 천문학자들은 결국 정말 지구만한 망원경을 만들어 버렸다. 유럽과 아메리카 대륙, 북반구에서 남반구에 이르는 지구 전역 9곳에 세워진, 거대한 접시 모양의 전파 망원경을 총동원한 것이다. 마치 미어캣 여러 마리가 일제히 같은 방향을 살펴보듯, 이 전파 망원경들은 함께 M87 은하 중심을 겨냥했다. 말 그대로, 블랙홀 주변의 사건의 지평선을 들여다보고야 말겠다는 단 하나의 목표로 시작된 사건의 지평선 망원경 프로젝트Event Horizon Telescope, EHT다. 현재는 천문대 두 곳이 추가되어서, 총 11곳의 전파 망원경이 함께 협력하고 있다.

당시 9곳의 전파 망원경이 M87 은하를 겨냥했던 시간은 굉장히 짧았다. 하지만 2017년 4월 5일에서 11일까지, 겨우 일주일 남짓한 짧은 시간 동안 얻은 관측 데이터의 전체 용량은 어마어마했다. 무려 5페타바이트PB에 달했던 것이다. 기가바이트GB도 아니고, 테라바이트TB도 아니고, 무려 페타바이트다. 이해를 돕기 위해 설명하자면, 1GB의 1024배가 1TB, 1TB의 1024배가 1PB다.

우리가 평소에 넷플릭스로 드라마를 볼 때 영상이 스트리밍되는 속도가 대략 시간당 3GB 정도다. 만약 이 속도로 M87 은하 중심 블랙홀의 관측 데이터를 모두 다운로드한다면 167만 시간, 즉 190년이 넘는 시간이 필요하다. 데이터 다운로드만 받다가 몇 세대가 흘러간다는 이야기다. 실제로 관측 데이터의 용량이 너무 크다 보니, 인터넷으로 전송하는 것보다 하드 드라이브를 통째로 뜯어서 비행기로 옮기는 편이 더 빠를 지경이었다(그리고 정말 그렇게 했다).

게다가 예상치 못한 문제가 벌어지기도 했다. 관측이 진행된 시기는 봄에서 여름으로 넘어가는 계절이었다. 프로젝트에 참여했던 관측소 중에는 남극점 부근에 위치한 전파 망원경도 있었다. 문제는 남극의 4월은 끝없는 긴 어둠과 추위가 찾아오는 한겨울이라는 점이었다. 겨울이 오면, 남극에는 비행기가 다니지 못한다. 결국 남극 관측소에서 얻은 데이터는 관측 후에도 오랫동안 그 자리에 그대로 꽁꽁 얼어붙어 있어야만 했다. 천문학자들은 한동안 '남극에 데이터의 냉동 창고가 있다'라는 자조적인 농담을 던지며, 난감한 상황에서도 웃음을 잃지 않으려 노력했다. 수개월이 흘러 남극에 따스한 햇살이 비추기 시작할 때가 돼서야 모든 데이터는 한곳에 모일 수 있었다.

현대 천문학은 인류를
새로운 기록의 시대로 이끌고 있다

데이터를 어떻게 보관하고 옮겨야 하는가의 문제는 현대 천문학에서 아주 흔한 고민이 됐다. 최근 칠레에는 지름 8m의 아주 거대한 거울을 달고 있는 베라 루빈 망원경Vera C. Rubin Observatory이 완공되었다. 우주의 미스터리, 암흑 물질의 증거를 발견했던 천문학자 베라 루빈Vera C. Rubin의 이름이 붙었다. 그 이름에 걸맞게, 베라 루빈 망원경은 우주의 어둠 속에 숨어 있는 암흑 물질의 분포를 밝히고 지도를 그리기 위한 대대적인 탐색을 진행할 예정이다.

이 망원경은 특정한 천체 하나를 겨냥해서 사진을 찍지 않는다. 대신, 매일 밤 뚜렷한 타깃 없이 하늘 전역을 훑어보면서 100억 광년 거리 안에 들어오는 우주 전체의 지도를 채울 뿐이다. 이 망원경은 한꺼번에 보름달 40개는 족히 들어갈 만큼 거대한 영역의 밤하늘을 한 화각에 담을 수 있다.

베라 루빈 망원경으로 진행하게 되는 새로운 우주 지도 관측 프로젝트를 LSST Legacy Survey of Space and Time라고 한다. 이 관측이 시작된다면, 하룻밤 사이에 얻게 되는 관측 데이터의 전체 용량만 해도 20TB에 달할 것이다. 하룻밤 만에 외장 하드 하나를 가득 채울 정도의 거대한 데이터가 쏟아지는 것이다. 베라 루빈 망원경은 앞으로 최소 10년 동안 우주 시공간의 지도를 그리는 일을 하게 될 것이다. 무사히 10년을 모두 채운다면, 데이터의 전체 용량은 60PB에 이르게 된다. 물론 이것도 가장 최소한으로 계산한 값이다.

하지만 여기서 끝나지 않는다. 남반구 남아프리카 공화국과 호주 일대의 버려진 사막에 인류는 역사상 가장 위대한 천문대를 짓고 있다. 평방 km에 달하는 거대한 규모로 10만 대가 넘는 전파 망원경을 세우는 SKA Square Kilometer Array 프로젝트다. 남아프리카 공화국에는 고주파 대역의 전파를 관측하는 접시 모양의 전파 망원경이 197개 세워질 예정이다. 또 호주 사막에는 저주파 대역의 전파를 관측하는 젓가락 모양의 전파 안테나가 세워지는데, 그 수가 무려 13만 1072대에 이른다. 참고로 이 프로젝트에는 우리나라도 함께 참여하고 있다. 만약 완공된 관측소 한가운데 서서 주변 풍경을 바라본다면, 황량한 붉은 사막 위에 인공적인 하얀 전파 안테나가 끝없이 서 있는 모습일 것이다. 정말 초현실적인 전파 밀림에 서 있는 기분이 들지 않을까? 이 수많은 전파 안테나들은 매초 1TB에 달하는 관측 데이터를 수집한다. 1초에 한 번씩, 외장하드 하나가 채워진다. 단 하루 만에 무려 68PB에 달하는 관측 데이터가 쌓이는 셈이다.

만약 SKA가 계획하고 있는 모든 안테나가 다 세워진다면, 관측 데이터의 총 용량은 수십 엑사바이트EB, PB의 1024배 단위 규모에 이르게 될 것이다. 천문학자인 나조차 살면서 단 한 번도 사용한 적 없는 단위다. SKA는 단 하루 만에, 인류가 지금까지 다른 망원경으로 수집했던 모든 데이터의 총 용량을 넘는 관측 데이터를 수집한다. 관측이 1년간 이어진다면 그때는 단순히 천문 관측 데이터뿐 아니라 모든 분야를 통틀어 호모 사피엔스가 지난 20만 년 동안 써 내려 온 모든 기록의 총 용량을 돌파하게 된다. SKA는 인류 역사상 가장 거대하고 집약적인 천문학적 도전인 동시에, 데이터 사이언스 측면에서도 역사적인 시도가 될 것이다.

SKA를 준비하는 천문학자들도 대책 없이 쌓이게 될 이 방대한 데이터를 어디에 저장하고 관리해야 할지 고민하고 있다. 이를 위해서 지구 전역을 초고속 광섬유로 연결하는 데이터 네트워크부터 딥러닝에 기반한 효율적인 인공지능 알고리즘까지, 근미래적인 아이디어가 논의되고 있다. 동굴 벽에 낙서 수준의 그림을 그리면서 하루하루를 살기 바빴던 인류는, 이제 전혀 다른 차원의 새로운 기록의 시대로 접어들고 있다. 그리고 그 도약을 이끄는 주역이 바로 천문학이다.

데이터의 시대가 오기 전,

별빛을 세던 사람들이 있었다

현대 천문학이 컴퓨터와 뗄 수 없는 사이가 된 또 다른 중요한 이유가 있다. 천문학은 '이미지 기반의 과학'이기 때문이다. 기본적으로 천문학은 우주의 사진을 찍고, 그 사진 속에 담긴 빛의 메시지를 해독하는 과학이다. 이러한 역사는 지금으로부터 100년 전, 디지털카메라가 등장하기도 한참 전부터 시작되었다.

당시 천문학자들은 화학적인 방법으로 우주의 빛을 담았다. 빛이 닿으면 색이 검게 변하는 화학 용액을 투명한 유리판에 발랐다. 그리고 유리판을 잘 말린 다음 망원경 뒤에 장착했다. 그러면 망원경으로 모인 별빛이 유리판 구석구석에 닿으면서, 별이 밝게 빛나는 곳에는 검은 얼룩이 만들어졌다. 반면 별이 없고 텅 빈 까만 우주가 닿은 부분에는 투명한 유리가 그대로 남았다. 이렇게 유리 건판 기술로 촬영한 밤하늘의 모습은 투명한 유리판 위에 크고 작은 검은 곰팡이가 피어오른 것처럼 보인다.

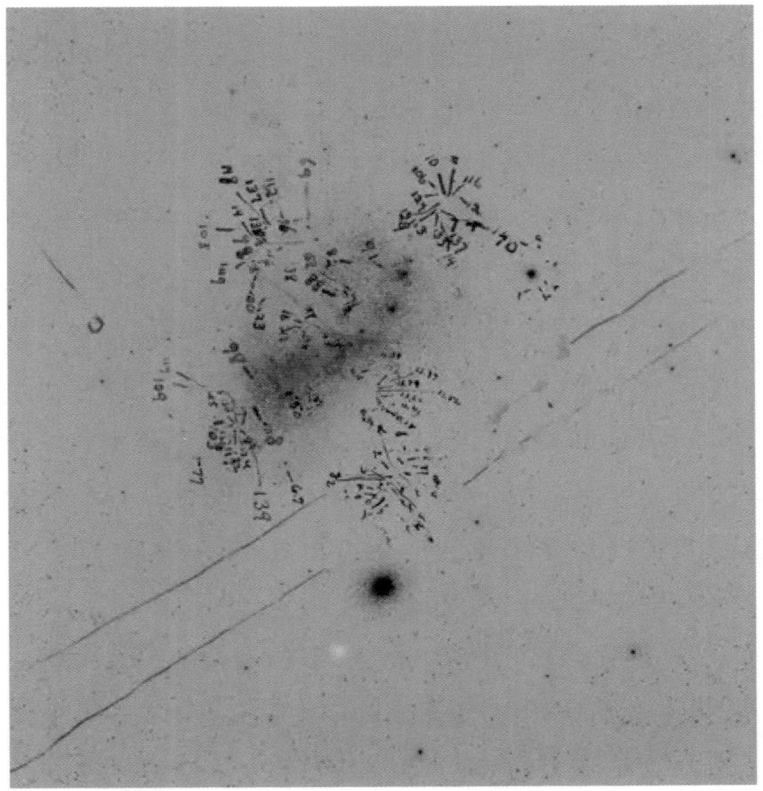

1897년 10월 29일, 유리 건판으로 촬영한 소마젤란 은하의 모습.

별빛을 장부에 정리하던
여성 천문학자들

1880년, 미국 하버드 대학교에서 천문대장을 맡고 있던 에드워드 피커링Edward Pickering은 빠듯한 천문대 예산으로 골머리를 앓고 있었다. 피커링은 당시 더 대대적인 천문 관측을 위해서 자신의 동생을 남반구 페루에 보내 새로운 천문대를 지었다. 그렇게 지어진 페루의 천문대에서는 주기적으로 한 무더기의 유리 건판이 배와 기차를 타고 하버드 천문대로 옮겨졌다.

그런데 날이 갈수록 관측 기술이 좋아지면서, 예상치 못한 현실적인 문제가 발생하기 시작했다. 한 장의 유리 건판 안에 분석해야 하는 별의 개수가 너무 많았던 것이다. 매일 대책 없이 쌓여만 가는 관측 데이터를 일일이 다 분석하기에는 인력이 턱없이 모자랐고, 피커링은 그저 매일매일 창고에 쌓여 가는 유리 건판을 바라만 볼 수밖에 없었다. 아무리 데이터가 많이 쌓여도, 그 안에 담긴 별빛의 메시지를 해독하지 못한다면 유리 건판 속 데이터는 그저 검은 얼룩에 지나지 않았다.

그러던 어느 날, 피커링은 자신의 서재에서 일하던 스코틀랜드 출신의 가정부, 윌리미나 플레밍Williamina Fleming을 보고 묘수를 떠올렸다. 그가 생각해 보니, 유리 건판에 찍힌 검은 곰팡이들을 분석하는 건 복잡한 물리학적, 수학적 사고를 필요로 하지 않는 간단한 노동에 불과했다. 유리 건판에 별이 몇 개나 찍혔는지 세고, 각 별빛이 남긴 검은 얼룩의 크기를 보며 별의 밝기를 비교하는 일은 연습만 하면 누구나 쉽게 익힐 수 있었다. 그리고 특히, 피커링과 같은 고상한 남성 천문학자들에게는 그다지 하고 싶지 않은 귀찮고 지루한 작업이었다. 생각이 여기까지 미친 피커링은 플레밍에게 며칠 훈련을 시킨 다음 본격적인 유리 건판 분석을 맡겼다. 그리고 플레밍은 일을 곧잘 해냈다.

당시까지만 해도 미국에서 여성의 평균 임금은 남성보다 훨씬 낮았다. 천문학을 비롯해 대부분의 과학 연구 현장은 여전히 금녀禁女의 영역이었다. 하지만 부족한 일손을 채우기 위해서 남성 천문학자 인력을 추가로 고용하려면 너무 많은 비용이 들었고, 피커링은 젊은 여성들의 값싼 노동력을 활용해야겠다고 생각한 것이다. 피커링에게 고용된 젊은 여성 천문학자들은 시급 25센트의 형편없는 임금을 받으며 천문학 연구 현장에 뛰어들었다.

그렇게 피커링은 빠듯한 천문대 예산을 아낄 수 있었고, 피커링의 연구실에서는 독특한 풍경이 만들어졌다. 방 안에는 치마를 입은 여성들이 바글바글 모여서 유리 건판에 담긴 별빛의 메시지를 기록하고, 공책에 옮기는 일을 하고 있었다. 그런 풍경이 너무 낯설고 어색했던 피커링의 동료들은 다소 비아냥 섞인 표현으로 그의 연구실을 일컬어 '피커링의 하렘'이라고 부르기도 했다.

사람들은 피커링의 연구실을 가득 채우고 있는 여성 천문학

20세기 하버드 천문대에서 근무하던 여성 천문학자들. 가운데 서 있는 인물이 플레밍이다.

자들을 '계산하는 사람'이라는 뜻에서 '컴퓨터Computer'라고 불렀다. 현대인에게 너무 익숙한 단어인 컴퓨터의 어원을 쭉 거슬러 올라가다 보면, 우리는 20세기 초 하버드 대학교의 천문대에서 매일 숫자들과 씨름하며 별빛을 장부에 정리하고 있던 플레밍과 같은 여성 천문학자들의 이야기와 만나게 된다. 어쩌면 어린 왕자가 방문했던 네 번째 별은 사실 피커링의 연구실이었을지도 모른다. 단어 자체의 기원이 천문학의 역사에서 비롯되었을 정도로, 컴퓨터는 천문학의 발전과 밀접하게 엮여 있다고 볼 수 있다.

연구실 한 켠에서 유리 건판을 일일이 분석하던 시기로부터 지난 100년간, 천문 관측 기술은 믿을 수 없을 만큼 발전했다. 이제 대형 망원경들은 정확히 우리의 스마트폰, 디지털카메라와 같은 방식으로 별빛을 기록한다. 유리 건판과 같은 화학적 방법이 아니라, 별빛을 바로바로 전기 신호로 변환해서 디지털 데이터로 처리하는 기술을 활용하는 것이다. 덕분에 컴퓨터는 더 빠르게 관측 데이터를 이해하고 분석할 수 있다. 물론, 여기서 말하는 컴퓨터는 사람이 아니라 기계 컴퓨터를 말한다.

사실 2000년대 초반까지만 해도 천문학자들은 컴퓨터의 능력을 과소평가했다. 당시의 컴퓨터는 치명적인 한계를 안고 있었다. 컴퓨터는 숫자 계산에는 뛰어났지만, 아직 사람에 비해 세상을 보는 눈이 많이 부족했다. 이미지를 보고 분간하는 능력이 매우 떨어졌던 것이다. 털이 노란 고양이 사진을 보여 주었을 때, 당시의 컴퓨터는 그게 고양이인지 호랑이인지를 잘 구분하지 못했다. 각 픽셀의 밝기와 색깔을 수치로 파악하고 계산하는 능력은 뛰어났지만, 정작 그 사진 속에 찍힌 녀석이 무엇인지를 분간하는 능력은 한참 떨어졌다.

결국 2000년대 초반까지 '이미지 문맹'에 머물러 있던 컴퓨터 성능의 한계를 극복하기 위해, 천문학자들은 다시 한번 피커링의 잔머리를 답습했다. 시민 과학이 태동하기 시작한 것이다.

천문학자는 우주의

관상을 본다

땅을 굴러다니는 돌멩이를 볼 때도, 하늘을 떠다니는 조각구름을 볼 때도 자연스럽게 가장 먼저 눈에 띄는 특징이 있다. 바로 겉모습이다. 무언가를 바라볼 때, 가장 먼저 눈에 들어오는 건 바로 이 외형적인 특징이다. 지질학자가 아니더라도 우리는 눈앞의 돌이 네모난 돌인지, 둥근 돌인지, 길쭉한 돌인지 쉽게 구분할 수 있다. 마찬가지로 기상학자가 아니더라도 하늘의 구름이 얇은 구름인지, 두꺼운 뭉게구름인지, 어둑한 먹구름인지 알아챌 수 있다. 그리고 그 간단한 겉모습을 기준으로 세상을 구분 짓고 분류한다.

 천문학에서도 마찬가지다. 천문학 연구에서 가장 먼저 이루어지는 단계는 관측한 대상의 겉모습을 보고 분류하는 일이다. 특히, 수천억에서 수조 개 이상의 별들이 모여 있는 은하들은 매우 다양한 겉모습을 띠고 있다. 우리은하는 수천억 개의 별들이 납작한 원반 모양을 이루고 있다. 가장 가까운 이웃 은하, 안드로메다은하도 마찬가지다. 이러한 은하를 원반 은하Disk galaxy라고 한다. 보통 원반 은하들은 뚜렷하게 소용돌이치는 나선팔을 보이는 경우가 많다. 그래서 나선 은하Spiral galaxy라고도 부른다. 반면, 확연하게 다른 모습을 보여 주는 은하들도 있다. 더 많은 수의 별들이 둥글고 펑퍼짐하게 모여 있는 경우가 있는데, 이것을 타원 은하 Elliptical galaxy라고 분류한다.

은하들은 대표적으로 원반 은하와 타원 은하, 두 가지의 형태로 분류한다. 그런데 둘의 차이는 단순히 겉모습에만 있지 않다. 원반 은하는 타원 은하에 비해 아직 한창 어린 별들의 탄생이 벌어지는 장소다. 뜨겁고 어린 별빛으로 원반 은하는 푸르게 빛난다. 반면 이미 수십억 년 전에 별의 재료를 대부분 소진한 타원 은하는 더 노랗고 붉은, 미지근한 빛으로 물들어 있다.

홀로 살아가지 않는 은하들

1980년, 천문학자 앨런 드레슬러Alan Dressler는 은하들이 함께 모여

사는 은하단에서 흥미로운 사실을 발견했다. 은하의 형태에 따라서, 은하단 속 은하들의 위치가 달랐던 것이다. 은하단은 중심으로 갈수록 은하가 더 바글바글 모여 있다. 반면 은하단 외곽은 은하들의 밀도가 훨씬 낮다. 이러한 주변 환경의 차이는 은하의 형태에도 영향을 주었다. 은하단 중심의 은하들은 대부분 타원 은하였지만, 은하단 외곽에서는 원반 은하의 비율이 훨씬 높았다.

이것은 은하의 모양이 주변 환경에 따라 달라진다는 사실을 보여 준다. 은하단 중심에 가까워질수록 주변 은하들의 밀도가 높아지고, 은하 간 충돌이 빈번하다. 원래 뚜렷한 나선 팔을 두르고 있던 은하들이 서로 충돌과 반죽을 반복하게 되고, 별들의 궤도가 난잡하게 뒤섞인 결과 타원 은하로 변해 버린다. 드레슬러의 발견은 은하들도 홀로 살아가지 않는다는 사실을 보여 준다. 사람들로 북적이는 도심 속에서 매일 이리저리 치이며 살아가는 우리들의 모습을 은하단에서도 발견할 수 있다. 은하들은 다른 은하들과 격렬한 상호작용을 겪으며 살아간다.

이처럼 은하를 겉모습에 따라 분류하는 건, 단순한 외모 평가가 아니다. 은하 속 별들의 탄생과 죽음, 은하가 겪어 온 상호작용의 과정, 나아가 우주 전체의 진화와 역사를 반영한다. 그래서 천문학자들은 가장 먼저 은하의 얼굴을 읽는다. 은하를 대상으로 관상을 보는 셈이다. 은하의 형태학적 분류Morphological classification는 은하를 연구할 때 가장 먼저 이루어지는 단계라고 할 수 있다.

하늘 아래
우리는 모두

천문학자로
태어난다

2000년은 은하들의 관상을 알아보는 역사에서 빼놓을 수 없는 해였다. 미국 뉴멕시코주 아파치포인트에 위치한 망원경을 통해, 천문학자들은 하늘 전역에 분포하는 은하들의 지도를 그리는 작업을 시작했다. SDSSSloan Digital Sky Survey로 알려져 있는 이 프로젝트는 지금까지 밤하늘의 1/3에 달하는 영역의 지도를 완성했고, 그 안에는 10억 개가 넘는 은하가 찍혔다. SDSS가 활발하게 진행되면서, 천문학자들은 또다시 지나치게 많은 관측 데이터를 마주하게 되었다. 이제 더 빠르고 효율적으로 은하들의 형태를 분류해야 했다. 당연히 눈으로 하나하나 분류하는 건 불가능했다. 적어도, 소수의 천문학자만으로는 그랬다.

은하 버전의 '틴더'에
초대된 사람들

2007년, 당시 옥스퍼드 대학교의 천문학 박사 과정 학생이었던 케빈 샤빈스키Kevin Schawinski는 한 가지 영악한 아이디어를 떠올렸다. 소수의 천문학자들이 이 모든 데이터를 분류할 수 없다면, 더 많은 사람이 이 일에 동참하게 만들면 되었다. 사실, 원반 은하와 타원 은하를 구분하는 작업은 복잡한 천체물리학 이론과 방정식을 몰라도 할 수 있는 일이었다. 샤빈스키는 은하의 겉모습만 보고도 쉽게 구별할 수 있는 일에 다수의 천문학자가 동원되는 건 오히려 낭비라고 생각했다. 대신, 우주를 좋아하는 사람이라면 누구나 은하 분류 작업에 동참할 수 있다고 생각했다.

그는 SDSS로 관측한 은하 이미지 100만 개를 웹사이트를 통해 공개했다. 그리고 누구나 쉽게 접속해서, 무작위로 나오는 은하 이미지를 보고 그것이 원반 은하인지 타원 은하인지 분류할 수 있도록 했다. 어떤 천문학자들은 이 프로젝트를 보고, 은하의 외모만 보고 버튼을 누르는 은하 버전의 틴더Tinder라고 비유하기도 했다. 다시 한번, 방대한 천문학 데이터를 분석하기 위해 인간 컴퓨터가 동원되는 역사가 반복된 셈이다. 온갖 다양한 모습의 은하들을 한데 모아 놓고 분류한 이 프로젝트는 은하 동물원, 갤럭시 주Galaxy Zoo라는 귀여운 이름으로 불렸다. 일반 시민들에게 날것의 과학 데이터에 접근하게 함으로써 연구에 기여할 기회를 제공한 시민 과학Citizen Science의 훌륭한 사례로 손꼽힌다.

처음 갤럭시 주 프로젝트가 공개되었을 때만 해도 천문학자들은 회의적이었다. 은하 이미지에 익숙하지 않은 비전문가들의 눈썰미를 믿기 어렵고, 이런 지루하고 쓸모없는 작업에 관심을 가지는 일반 시민들이 거의 없을 거라고 생각했기 때문이다. 하지만 우주를 사랑하는, 우주의 비밀을 밝히는 데 자신의 귀한 시간을 기꺼이 할애하는 사람들은 천문학자들의 기대보다 훨씬 많았다. 프로젝트가 시작되고 겨우 175일 만에 전 세계에서 무려 10만 명이 넘는 사람들이 갤럭시 주 프로젝트에 자발적으로 참여했고, 4천만 개가 넘는 은하들의 형태학적 분류가 빠르게 끝났다. 게다가 이따금 매의 눈을 가진 사람들의 크고 작은 발견도 이어졌다.

네덜란드에서 교사로 일하던 한니 반 아르켈은 이따금 은하 이미지에서 정체를 알 수 없는 녹색 빛의 형체를 발견하곤 했다. 그는 천문학자들과 다른 사람들에게 그 녹색 형체를 눈여겨볼 필요가 있다고 알려 주기 위해 이미지에 댓글을 남겨 놓았다. 이후 천문학자들은 그 녹색 빛의 정체가 은하 중심에 살고 있는 난폭한 블랙홀의 활동과 밀접하게 연관되어 있다는 사실을 발견했다. 한니가 꼼꼼하게 기록한 녹색 빛은 은하가 얼마나 과격한 심장부를 숨기고 있는지를 보여 주는 도구로 활용되기 시작했다. 녹색 빛이 은하 전체를 감싸고 있는 이 현상은 네덜란드어로 '한니가 발견한 물체'라는 뜻에서 한니스 보르베르프Hanny's Voorwerp라는 새로운 학술적 용어로 불리고 있다. 한니는 단지 천문학 애호가일 뿐이었지만, 그의 이름은 은하 천문학 분야에 길이길이 남게 되었다.

**별들의 무도회에
당신을 초대합니다**

갤럭시 주가 큰 성공을 거두면서, 은하 분류 작업에는 SDSS와 같은 지상 망원경 관측 데이터뿐 아니라, 허블 우주 망원경으로 관측한 고해상도 이미지까지 동원되기 시작했다. 또 전파나 적외선, 자외선 등 다양한 파장으로 관측한 은하 이미지도 전 세계 인류의 손을 거쳐 빠르게 분류되었다.

이후 천문학에서 시작된 시민 과학이라는 새로운 물결은 시민과 연구 현장을 더 밀접하게 연결해 주는 새로운 소통의 장이 되었다. 게다가 이제는 물리학, 지질학, 생태학 등 다양한 과학 분야, 그리고 인류학이나 고고학과 같은 과학 너머의 분야까지 퍼지게 되었다. 현재는 갤럭시 주의 정신을 계승한 주니버스Zooniverse라는 이름으로, 다양한 분야를 아우르는 포괄적인 시민 과학 프로젝트가 이루어지고 있다.

주니버스는 '주Zoo'에 우주, '유니버스Universe'를 합친 단어다.

주니버스 프로젝트를 통해 형태를 분류한, 유클리드 우주 망원경으로 관측한 은하 이미지들.

여기에는 미세하게 요동치는 별빛의 변화를 보면서 외계 행성이 남긴 그림자를 쫓는 프로젝트부터, 항해사들이 직접 바다 곳곳을 누비며 촬영한 사진 속에서 고래 꼬리를 찾는 프로젝트, 항공 사진에 찍힌 동물의 발자국을 찾고 표시하는 프로젝트까지 있다. 다양한 분야에서, 연구자들은 시민들의 참여를 기다리고 있다.*

나도 여기에서 프로젝트를 하나 운영하고 있다. 나는 특히 중력을 서로 주고받으며 형태가 급격하게 변화하는, 충돌 중인 은하

---

* 당신도 참여하고 싶다면 다음의 사이트에 접속하면 된다. https://www.zooniverse.org/

에 많은 관심을 갖고 있다. 이런 은하 간 상호작용은 특히 원반 은하에서 별과 가스 원반을 출렁이게 만든다. 만약 지구에서 하늘을 봤을 때 은하의 원반이 거의 옆에서 본 것처럼 얇게 보인다면, 은하 원반이 마치 프링글스 과자처럼 출렁이고 뒤틀린 모습일 것이다. 이것을 은하 원반의 워프Warp라고 한다. 나는 이러한 원반 은하들의 워프를 대규모로 사냥하고, 뒤틀린 정도를 측정하기 위해서 전 세계 우주 애호가들의 도움을 기다리고 있다.

나의 프로젝트는 SDSS로 촬영된 은하 중에서도 원반이 거의 옆에서 바라본 듯이 납작한 모습으로 촬영된 은하들을 무작위로 띄워 준다. 그러면 참가자들은 사진 속 은하 원반의 양쪽 끝부분, 그리고 원반이 확연하게 뒤틀리기 시작하는 부분을 클릭한다. 클릭한 좌표는 자동으로 저장되고, 이를 바탕으로 은하 원반의 워프 여부와 뒤틀린 정도를 정량적으로 파악할 수 있다.

주니버스를 통해 은하 워프를 사냥하고 있는 이 프로젝트에, 나는 '춤추는 은하'라는 뜻의 팝핀 갤럭시Poppin' Galaxy라는 이름을 붙였다. 만약 당신에게도 우주 연구에 시간을 내어 줄 여유가 있다면, 잠시 은하들의 팝핀 댄스를 감상하며 내 연구에 작은 도움을 주길 바란다. 운이 좋다면 당신의 이름도 내 논문에 짧게 언급될지 모른다.

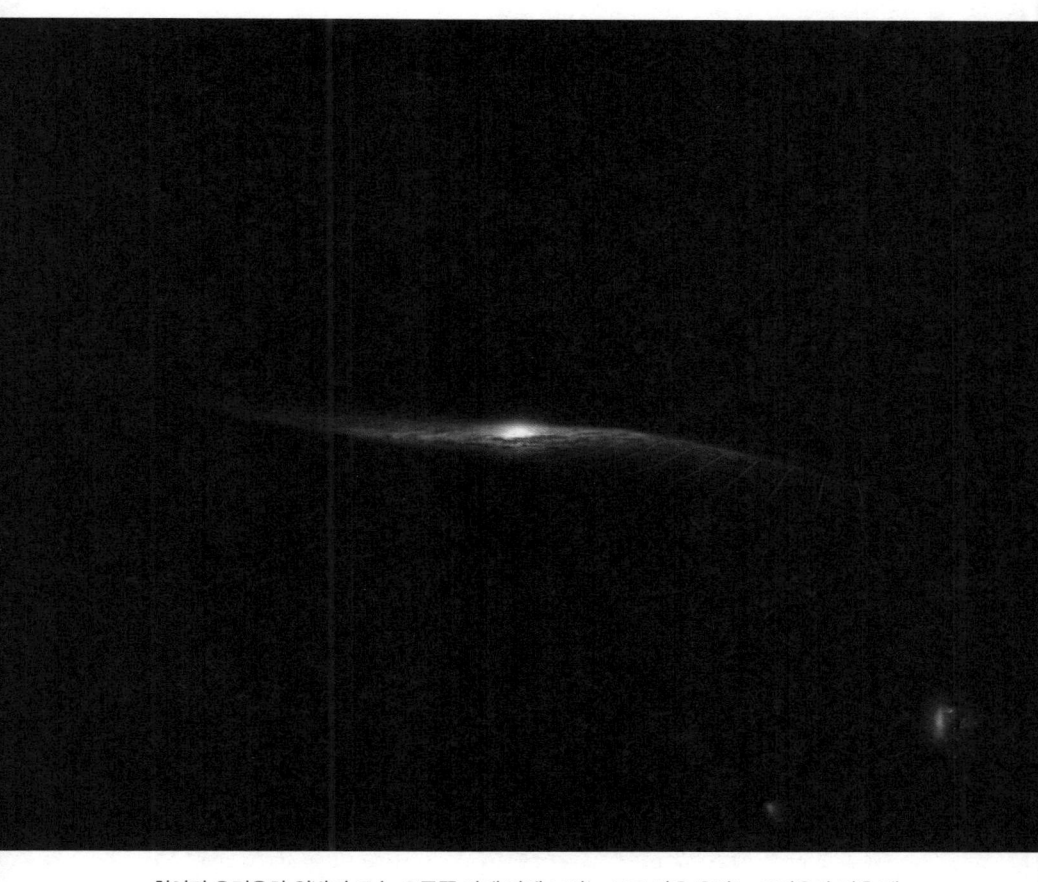

휘어진 우리은하 원반의 모습. 오른쪽 아래 작게 보이는 크고 작은 은하는 우리은하 곁을 맴도는 위성 은하, 대마젤란과 소마젤란 은하다.

인공지능,
우리 곁에 나타난

새로운
천문학자

천문학자들의 잔머리, 그리고 눈썰미 좋은 우주 애호가들의 자발적인 참여 덕분에 시민 과학은 괄목할 만한 성과를 남겼다. 하지만 이젠 그마저도 벅찬 수준에 이르렀다. 더 깊은 어둠 속을 꿰뚫어 보기 시작하면서, 오늘날의 차세대 망원경들은 이제 지구에 살고 있는 인류 전체를 총동원해도 따라잡을 수 없을 정도로 방대한 데이터를 쏟아내고 있기 때문이다. 80억 인구가 모두 인간 컴퓨터가 되더라도, 현재 수준의 관측 데이터를 빠르게 분석하기란 어렵다. 이제는 인간 컴퓨터가 아닌, 스스로 생각하고 판단하는 새로운 기계 컴퓨터의 도움이 절실하다.

인공지능이 먼저 듣게 될
우주 저편의 속삭임

인공지능이 제 실력을 발휘하려면, 우선 충분한 훈련이 필요하다. 마침 갤럭시 주 프로젝트를 통해 이미 사람들은 실제 우주에 있는 수백만, 수천만 개의 진짜 은하들을 꼼꼼하게 분류했다. 이 귀중한 데이터는 인공지능이 사람처럼 우주를 보고 판단하게끔 훈련시킬 수 있는 훌륭한 트레이닝 세트Training set가 된다. 인공지능에 제공할 탐스러운 먹잇감이 한가득 쌓여 있는 셈이다. 덕분에, 이제 인공지능은 제법 사람 눈처럼 우주를 보기 시작했다.

심지어 이제는 단순히 사람 흉내를 내는 수준을 넘어선다. 이미지에서 사람조차 미처 눈치채지 못할 만큼 세밀한 흔적도 자동으로 파악하고 모든 과정을 알아서 처리하는 딥 러닝Deep learning을 활용한 천문학 연구도 빠르게 발전하고 있다. 나도 최근, 인공지능을 활용해서 방대한 어둠 속에 숨어 있는 흐릿한 왜소 은하Ultra faint dwarf galaxy를 자동으로 사냥하고 선별하는 연구에 함께 참여했다.

약 1600만 광년 거리에 있는 처녀자리 은하단은 총 1300개가 넘는 크고 작은 은하들이 한데 모여 있다. 그중 비교적 밝고 무거운, 그래서 쉽게 알아볼 수 있는 은하는 100~200개뿐이다. 나머지는 전부 훨씬 크기가 작고 어둡다. 이러한 왜소 은하는 별의 밀도가 너무 낮아서 자칫하면 아무것도 없는 공간이라고 착각하기 쉽다. 그래서 우리는 방대한 관측 데이터에서 평범한 별과 덩치 큰 밝은 은하, 그리고 그 사이사이 숨어 있는 왜소 은하까지 자동으로 판별하고 찾아내는 새로운 알고리즘을 개발했다. 이를 통해 기존의 다른 연구는 미처 알아채지 못했던 새로운 왜소 은하의 존재를 확인했고, 이를 통해 처녀자리 은하단 전체의 중력을 파악하기 위해서는 이런 숨어 있는 은하들까지 모두 고려해야 한다는 결과를 얻기도 했다.

이러한 이미지 기반 분석뿐 아니라, 인공지능은 또 다른 관점에서도 좋은 동료가 된다. 인공지능을 활용한 대규모 관측은 현재도 매일 쉬지 않고 이루어지고 있다. 덕분에 우리는 동일한 방향의 하늘을 매일 관측하면서, 시간에 따라 동일한 천체들의 밝기나 위치가 어떻게 달라지는지를 추적할 수 있게 되었다. 일종의 시계열 Time series 데이터를 확보하게 된 것이다. 만약 며칠 사이에 갑자기 밤하늘에서 빠르게 움직이는 작은 점을 발견한다면, 이것은 태양계 외곽을 맴도는 새로운 소행성으로 의심할 수 있다. 여러 날짜에 포착한 소행성의 움직임을 추적하면 그 궤도를 알 수 있고, 지구에 충돌할 우려가 있는 소행성인지도 판단할 수 있다.

그뿐만이 아니다. 언제 찾아올지 알 수 없는 우주급 재난으로부터 지구를 보호하는 우주 방위 프로젝트에도 인공지능이 적극적으로 활용되고 있다. 약 1억 년 전, 갑작스럽게 사라진 공룡 선배들의 운명을 답습하지 않기 위해 인류는 자신의 운명을 인공지능에 기대고 있다. 우주 곳곳에서 날아오는 전파 신호를 자동으로 분석하고, 그들 중에서 자연 신호가 아닌 인공적인 신호로 의심되는 후보를 골라내는 작업도 인공지능이 도맡아 하고 있다. 만약 언젠가 정말 외계의 지적 문명에서 날아온 신호를 인류가 포착하게 된다면, 가장 먼저 그 신호를 듣게 되는 주인공은 높은 확률로 사람이 아닌 인공지능일 것이다.

우리는 인공지능에게
자리를 내어 주게 될까?

2020년, 스위스 취리히의 컴퓨터 과학자들은 인공지능의 놀라운 가능성을 보여 주는 흥미로운 연구를 진행했다. 그들은 인공지능에게 지구의 하늘에서 바라본 태양과 화성의 겉보기 움직임 데이터를 학습시켰다. 그리고 실제 태양계의 구조가 어떤 모습이어야, 관측된 두 천체의 겉보기 움직임을 가장 깔끔하게 설명할 수 있을지를 스스로 찾도록 했다.

    오랫동안 인류는 똑같은 관측 데이터를 근거로, 수천 년 동안 우주의 중심에 지구가 있는 우주를 상상했다. 하지만 인공지능은 달랐다. 놀랍게도 인공지능은 지구가 아닌 태양을 중심에 둔 우주 모델을 답으로 골랐다. 태양을 중심으로 지구와 화성이 각자의 궤도를 맴돌고 있어야 관측된 화성의 겉보기 움직임을 설명할 수 있다는 결론에 이른 것이다. 게다가 태양에서 거리가 멀어질수록, 태양에 의한 중력이 거리 제곱에 반비례해서 약해지는 방식으로 중력이 작동할 것이라는 놀라운 물리 법칙까지 추론했다. 인공지능은 단순히 천체의 겉보기 움직임 데이터만을 활용해서 가장 그럴듯한 우주 모델을 상상했고, 심지어 물리 법칙까지 도출했다. 게다가 수천 년 전의 인류보다 더 나은 선택을 했다.

인간은 지구가 우주의 중심에 있지 않다는 사실을 받아들이기까지 천 년이 넘는 긴 시행착오를 거쳐야 했다. 지구를 우주의 중심에서 몰아내고, 그 자리에 태양을 대신 두도록 만든 코페르니쿠스의 혁명은 갈릴레오 갈릴레이, 요하네스 케플러, 그리고 아이작 뉴턴을 비롯한 위대한 물리학자, 천문학자의 연구를 거친 끝에 이루어질 수 있었던 인류의 가장 위대한 역사 중 하나로 여겨진다.

우리는 그 기나긴 우주관의 변화를 자랑스러운 과학 혁명의 역사로 자부한다. 하지만 인공지능은 인류의 과학 혁명을 고작 며칠 만에 끝내 버림으로써, 그 긴 역사를 허무하게 만들고야 말았다. 인류의 자만심을 벗어던지고 우주를 보다 객관적이고 공정한 눈으로 바라볼 수 있게 만들어 준 이 위대한 패러다임의 전환이 인공지능에게는 그저 시시한 일에 불과했던 것이다.

이제 인공지능은 단순히 체스, 바둑, 스타크래프트 같은 규칙이 정해져 있는 게임에서만 답을 찾지 않는다. 게임 너머 훨씬 복잡한 현실 세계의 문제에서까지 답을 찾아내고 있다. 천 년 넘게 이어진 천문학자들의 논쟁이 민망해질 정도로, 인공지능은 태양계의 작동 원리와 우주의 진짜 모습을 단 며칠 만에 깨우쳤다. 이런 방식으로 인공지능을 훈련시키고 더 복잡한 문제를 제공한다면, 어쩌면 아직 인간 천문학자들이 이해하고 있지 못한 우주의 난제까지 인공지능은 풀어낼 수 있을지 모른다.

정말 머지않은 미래에, 우리는 인공지능이 도출한 난해하고 새로운 방정식과 물리 법칙을 마주하게 될지 모른다. 인간의 경험과 사고로는 도무지 이해할 수 없는 당황스러운 답이 튀어나온다면, 과연 우리는 그것을 단순히 인공지능이 던진 악수로 취급하고 웃어넘길 수 있을까? 아니면 인간이 절대 찾지 못하는 신의 한 수로 받아들이고 새로운 패러다임을 순순히 받아들이게 될까?

천문학의
가치는

인간의 질문에서
시작된다

'인공지능이 노벨상을 타게 되는 날도 올까?' 이 질문은 얼마 전까지, 곧 다가올 미래를 자조적으로 묘사하는 일종의 구호에 불과했다. 하지만 2024년, 그 일은 현실이 되고 말았다. 2024년 노벨 물리학상은 머신러닝이라는 인공지능의 기본 문법을 개발한 통계물리학자 존 홉필드John Hopfield와 제프리 힌턴Geoffrey Hinton에게 돌아갔다. 같은 해 노벨 화학상도 인공지능 분야가 수상했는데, 알파고를 개발한 구글 딥 마인드의 데미스 허사비스Demis Hassabis와 존 점퍼John Jumper, 그리고 데이비드 베이커David Baker에게 돌아갔다. 이들이 생뚱맞게 노벨 화학상을 수상한 건, 이들이 개발한 또 다른 알고리즘 알파폴드2가 세상에 없는 완전히 새로운 3차원 단백질 구조를 찾아내는 데 성공했기 때문이었다.

　이렇게 같은 해, 과학의 핵심이 되는 두 축인 화학과 물리학에서 모두 인공지능 관련 연구자들이 노벨상을 차지했다. 2024년은 인공지능의 도약을 공식적으로 인정하고 기념했던 특별한 해였다. 물론 인공지능 자체가 직접 시상대에 오르지는 않았다. 아직은 인공지능을 개발하거나, 그것을 활용해서 연구를 진행한 인간 연구자가 시상대에 올랐다. 아직은 말이다.

**찰나의 인간이
우주를 기록하는 방법**

한 단편 소설에서는 인류가 멸망한 이후, 인간이 모두 사라진 텅 빈 천문대의 풍경을 상상한다. 천문대의 컴퓨터와 망원경은 멸망 전 인간이 남겨 놓은 설정값 그대로, 정해진 일정에 맞춰 밤하늘을 겨냥한다. 그리고 하늘에서 날아오는 빛을 기록하고 데이터를 수집한다. 아무도 없는 텅 빈 천문대는 홀로 하늘을 관측하고, 그 누구도 들어 주지 않는 우주의 비밀을 기록한다. 말 그대로 '인공지능 천문학자'가 된 셈이다.

　이미 우리는 인공지능과 함께 어우러져 살아가는 삶에 익숙해졌다. 이런 인공지능 분야의 눈부신 발전을 바라보면서, 때로는 영화 〈매트릭스〉의 암울한 디스토피아적 상상이 정말 현실이 되는 게 아닐까 하는 두려움에 빠지기도 한다. 역사상 가장 위대한 천재 중 한 명으로 거론되는 수학자 폰 노이만John von Neumann은 기계 스스로 새로운 기계를 만들어 내는 '자기 복제 기계'라는 충격적인 아이디어를 제시하기도 했다.

그의 아이디어는 기계가 스스로 생각하고 데이터를 쌓아 가며 다시 그것이 인공지능의 학습 데이터로 활용되는, 머신러닝 이후의 차세대 인공지능을 상상하는 기틀을 마련했다. 인공지능이 단순히 사람이 만든 데이터를 학습하고 인간의 흉내를 내는 수준에 머무는 것이 아니라, 더 나은 알고리즘을 고민하고 진화하게 되는 것이다. 인공지능이 자신의 경험과 시행착오가 반영된 데이터를 다음 세대의 인공지능에게 전수한다는 말은 세대를 거듭한 대물림, 즉 유전이 가능하다는 뜻이기도 하다.

이러한 소름 끼치는 미래를 상상하다 보면, 산업혁명이 벌어지던 당시 자신들의 일자리가 기계로 대체되는 것에 불만을 품고 기계를 때려 부숴야 한다고 주장했던 러다이트 운동가들의 목소리에 다시금 귀를 기울이게 된다. 카페와 편의점에서만 키오스크가 인간을 대체하는 것을 넘어서 미래에는 천문대, 연구실에서조차 인간이 설 자리를 잃게 되는 건 아닐까?

하지만 애초에 우리가 왜 인공지능이라는 호랑이 새끼를 길러 왔는지, 그 본질적인 이유를 생각해 본다면 이런 막연한 두려움에서 조금은 자유로워질 수 있다. 사실, 인류 문명의 발전을 이끌어온 가장 중요한 원동력은 인류의 '귀차니즘'이었다고 볼 수 있다. 인류는 더 적은 비용과 에너지로 주어진 문제를 해결하고픈 욕망을 품은 존재다. 그 욕망은 인간이 도구를 만들게 했고, 문명을 일구게 했다. 유리 건판에 담긴 별빛을 하나하나 세는 일이 귀찮았던 20세기 천문학자들은 여성 계산 노동자, 인간 컴퓨터를 고용했다. 그리고 그 인력으로도 방대한 데이터를 처리하기에 역부족이 되자 인간 대신 귀찮은 일을 할 수 있는 기계 컴퓨터를 만들었다.

우리가 이렇게 귀찮은 일을 싫어하고, 최대한 빠르게 결과를 얻고자 하는 욕망을 품게 된 건 아마도 우주의 비밀을 파헤치기에 인간에게 주어진 삶이 너무 짧기 때문일 것이다. 고작 100년 남짓한 인간의 평균 수명은 138억 년에 달하는 장엄한 우주의 역사 앞에서 한낱 찰나에 불과하다. 그 짧은 순간 동안 우주를 관측하고 비밀을 풀기 위해, 인류는 컴퓨터와 인공지능이라는 도구를 탄생시켰다. 덕분에 이 하찮고 짧은 수명이 주는 한계를 극복하며 우주 전체의 역사에 감히 맞서고 있다.

천문학,
인간의 가장 오래된 질문

결국 천문학의 본질은 단순히 망원경으로 우주의 빛을 모으고, 수집한 데이터를 분석해 그래프를 그리는 행위 자체에 있지 않다. 자신에게 주어진 유한한 삶을 안타까워하며, 시간의 한계를 허물고, 우주의 모든 경이를 만끽하고, 우주의 공허 속에서 외로워하는 일련의 모든 과정이야말로 천문학의 본질이라 할 수 있다.

그리고 바로 여기에서 천문학의 인간성이 드러난다. 우리는 흔히 인류의 진화를 말할 때, 직립보행을 통해 인류가 얻은 가장 큰 혜택은 두 손이 자유로워진 덕분에 도구를 쓸 수 있게 된 것이라고 이야기하곤 한다. 하지만 천문학자인 내 눈에는 더 중요한 변화가 눈에 띈다. 인류는 허리가 세워진 덕분에 편하게 고개를 올려 밤하늘을 바라볼 수 있게 되었다.

돼지나 말 같은 네발짐승은 아무리 고개를 올려도 밤하늘의 별빛을 보지 못한다. 하지만 인류는 직립보행을 통해 시야가 넓어졌고, 매일 밤 머리 위에 펼쳐지는 아름다운 세상을 볼 수 있게 되었다. 그렇게 인류는 자신의 삶과 죽음을 결정하는 일상의 문제를 자연스럽게 밤하늘과 연결 지으며 밤하늘에서 해답을 찾았다.

과일이 언제 익고 떨어지는지, 맹수가 언제 찾아오는지, 강물은 언제 범람하는지, 그 모든 문제의 해답은 밤하늘 속 별과 행성의 움직임에 있었다. 천문학은 인류의 진화와 궤를 같이하는 학문인 셈이다. 천문학자의 입장에서 감히 말하자면, 밤하늘을 신경 쓰고 살아가는 삶이야말로 인간을 가장 인간답게 만드는 요소다. 인류는 계속해서 질문을 던지는 존재였고, 그러한 질문이 수 세기 동안 우리를 멸종으로부터 지켜 주었다.

별 하나에 질량과
별 하나에 밝기와
별 하나에 온도와
별 하나에 속도와
별 하나에 물리 법칙

별과 은하들은 아스라이 멀리 떨어져 있지만, 그동안 우리가 헤아린 별과 은하의 빛은 수천억 단위를 넘어섰다. 천문대에서 사람의 손길이 조금씩 사라져가기 시작한 지는 오래다. 매일 밤 지구 곳곳에서는 자동화된 천문대의 성실한 사업가들이 별을 헤아리고 있다. 하지만 언젠가 인공지능이 인간 천문학자의 위치를 완전히 대체하게 되더라도, 인간이 하늘 보기를 멈추는 날은 오지 않을 것이다. 그리고 우리가 본 것들을 후대에 전할 것이다. 사업가의 이야기를 전하던 어린 왕자가 되어 말이다.

"오감만 갖추고 있다면, 인간은 우주가 무엇인지 탐험할 수 있다. 그것이 바로 과학이자 모험이다."

_에드윈 허블

2장

오래된 믿음은 어떻게 무너졌을까

인간은 우주를

제대로 이해하고 있을까?

우리는 원자라는 개념을 발견한 것일까? 아니면 새롭게 발명한 것일까? 뜬금없어 보이는 이 질문은 과학철학에서 아주 오랫동안 이어지고 있는 중요한 질문 중 하나다. 얼핏 생각하면 원자는 우주에 원래 존재하고 있었고, 단지 우리가 그것을 발견했을 뿐이라는 생각이 든다. 하지만 문제는 그리 간단하지 않다.

원자가 실재한다는 사실을 우리는 어떻게 알 수 있을까? 원자는 너무 작아서 보이지 않는다. 원자의 존재를 보여 주는 다양한 실험적 증거들은 있지만, 굳이 따지면 정말 원자의 실제 모습을 콕 집어서 확인한 건 아니다. 모두 원자의 존재를 가정했을 때 예상한 현상이 실험으로 잘 확인된다는 것을 근거로, 원자의 존재를 간접적으로 보여 주는 증거일 뿐이다.

이제 다시 질문해 보겠다. 우리는 우주에 숨어 있던 원자라는 존재를 캐내고 발견한 것일까? 아니면 우주에 실재하지 않지만, 단지 눈앞에 벌어지는 우주의 모습과 작동 방식을 최대한 쉽게 이해하고 인간의 언어로 표현하기 위해 원자라는 가상의 개념을 발명한 것일까? 우리는 눈에 보이지 않을 만큼 작은 원자로 이루어진 우주의 모습을 너무나 자연스럽게 떠올린다. 하지만 우리는 이미 가상의 원자라는 '개념'을 가정한 우주관에 너무 익숙해진 나머지, 실존하지 않는 원자를 상상하고 그것이 실제 존재하는 양 착각하며 살아가고 있는 건 아닐까? 우리가 우주의 실제 모습을 보고 그림을 그린 것이 아니라, 우리의 편의에 맞게 그려 낸 그림을 투영해서 우주의 모습을 왜곡해서 인식하고 있는 건 아닐까?

"현실은 인간의 마음속에나 존재할 뿐, 그 어디에도 존재하지 않는다."

_조지 오웰, 《1984》

이 흥미로운 과학철학 논증은 과학 법칙이 지닌 권위에 대해 본질적인 의문을 품게 만든다. 사실 생각해 보면, 우주가 굳이 우리 인간을 신경 쓰면서 진화했을 리는 없다. 단지 우주의 진화 과정에서 어쩌다 만들어진 인간이라는 존재가 우주가 시키지도 않은 짓을 하면서 우주의 모든 것을 궁금해하고 있을 뿐이다. 그리고 인간은 애초에 자신을 위해 쓰이지 않은 우주의 이야기를 자신들의 제한된 언어로 번역하면서 제멋대로 이해하고, 아니 이해했다고 생각하고 살아가고 있는지도 모른다.

보이는 만큼만
알 수 있는 세계

그간 인류가 찾아낸 수많은 과학 법칙이 '사실의 발견'이 아닌 '인간의 발명품'일지 모른다는 가능성을 떠올리면 자연스럽게 뒤따르는 것은 과학이라는 학문의 본질에 대한 의구심이다. 하지만 다행히도 지금 당장 과학을 불신할 필요는 없다. 과학은 스스로의 세계를 굳건하게 유지하고 신빙성을 보강할 수 있는 자체 검증 체계를 갖추고 있다. 바로 실험을 통한 반복 가능성이다.

물리학, 화학, 생물학을 비롯한 많은 과학 분야는 반드시 실험이라는 중요한 단계를 거친다. 모든 조건을 동등하게 갖춰 놓고 실험을 반복했을 때, 같은 결과가 반복해서 나온다면 그것은 과학 법칙이 변함없이 공평하게 작동하고 있다는 사실을 뜻한다. 물론 어느 순간 마음이 돌변한 우주가 갑자기 쌩뚱맞은 결과를 보여 줄 가능성도 없지는 않다. 다만 과학은 계속해서 더 정밀한 결과를 도출하기 위해 실험을 반복해 나갈 뿐이다.

반면 천문학에는 큰 결함이 있다. 다른 모든 과학 분야에서 반드시 이루어지는, 실험이라는 검증 과정이 결여되어 있다는 점이다. 천문학은 실험을 할 수 없는 학문이다. 애초에 다루는 연구 대상 자체가 지구 바깥에, 그것도 아주 먼 거리에 떨어져 있다. 또 별과 은하들은 너무 커서, 감히 인간이 비좁은 실험실 안에 가둬 놓고 괴롭힐 수 있는 대상도 아니다. 천문학의 연구 대상은 모두 손에 닿지도 않고, 갈 수도 없는 곳에 존재한다. 그런 점에서 천문학은 상당히 특이한 과학이다. 연구 주체인 인간은 연구 대상인 우주 안에 갇혀 있다. 마치 주객이 전도된 느낌이다.

천문학에서 유의미한 실험이 불가능한 또 다른 현실적인 이유가 있다. 바로 '시간' 문제다. 우주에서 벌어지는 별과 은하들의 변화를 알아채기 위해서는 대부분 수천만에서 수억 년 이상의 긴 기다림이 필요하다. 인간의 수명을 한참 뛰어넘는 긴 세월을 기다려야만 하는 것이다. 사실상 인간이 보고 있는 우주의 모습은, 지금껏 살아왔고 또 앞으로 살아갈 우주 전체의 역사를 생각해 본다면 찰나에 불과하다.

이런 공간적, 시간적 제약은 인간이 감히 극복할 수 없다. 실험은 우리가 자연을 마음껏 제어하고 조작할 수 있을 때 가능한 것이다. 그래서 실험은 과학 법칙을 입증하고 완성하는 가장 직접적인 과정인 동시에 인간이 자연을 통제할 수 있다는 점을 보여 주는 능동적이고 폭력적인 행위이기도 하다. 하지만 압도적인 규모의 우주 앞에서 인간은 무력해진다. 그저 우주가 보여 주는 모습을 바라볼 뿐이다. 그런 의미에서 천문학은 지극히 수동적인 과학이다.

결국, 천문학자들이 우주를 연구하는 방법은 하나뿐이다. 지구라는 고향 행성에 앉아 먼 하늘에 펼쳐진 별과 은하의 모습을 멍하니 구경하는 것이다. 그리고 이 행위를 조금 멋부린 말로, 관측이라고 부를 뿐이다. 따지고 보면 수천 년 동안 천문학의 본질은 변한 적이 없다. 수천 년 전 고대 그리스 로마의 천문학자들은 맨눈으로 우주를 바라봤고, 지금은 대기권 바깥에 올라간 값비싼 우주 망원경을 통해 우주를 바라본다. 관측 도구만 변했을 뿐, 결국 천문학자들이 하고 있는 일은 똑같다.

오랜 시간 밤하늘을 바라보고, 그 속에서 일관된 규칙과 패턴을, 또는 예상치 못한 새로운 변칙을 발견한다. 그리고 다양한 관측 결과를 설명할 수 있는 새로운 시나리오를 만든다. 다른 과학 분야라면 여기에 실험이 개입할 여지가 있지만, 천문학은 그럴 수 없다. 수많은 시나리오들 가운데 무엇이 맞고 틀린지 검증하기 위해 또 다른 관측을 해야 한다.

천문학은 태생적으로 실험이 불가능한 과학이기에 문제를 제기하는 과정도, 해결하는 과정도 관측으로 이루어진다. 인간이 이해하고 상상하는 우주의 모습은 우리가 우주를 얼마나 많이, 또 제대로 봤는지에 따라 결정된다. 우주는 아는 만큼 보이는 게 아니라, 보이는 만큼만 알 수 있는 세계다.

코스믹 나르시시즘

밖으로 나온 인간

망원경이 탄생하기 전까지, 인류는 오직 맨눈에만 의지해 우주를 바라봤다. 두 눈으로 본 우주의 모든 존재는 아주 작은 점으로 보였다. 태양 곁을 맴도는 크고 작은 행성들도, 태양계를 훨씬 벗어난 은하수 속의 별들도 모두 똑같이 말이다. 그 작은 점 안에서 어떤 일이 벌어지고 있는지 당시에는 자세히 들여다볼 수 없었다. 당연히 그 작은 점 중에서 어떤 것이 더 가깝고, 더 멀리 떨어져 있는지도 알 수 없었다. 얼핏 보면 밤하늘에 빛나는 별들은 모두 같은 거리만큼 멀리 떨어져 있는 것처럼 보였기 때문이다.

그래서 기원전, 고대의 천문학자들에게 우주는 평면적 세계였다. 그들은 우주가 가상의 투명한 유리구슬로 덮여 있다고 생각했다. 아주 거대한 유리구슬 한가운데 지구가 놓여 있고, 별은 그 유리구슬 벽에 박힌 보석이라고 말이다.

고대의 우주관은 어떻게
오랫동안 우리를 지배했는가

고대 그리스의 철학자 아리스토텔레스는 이러한 고대의 패러다임을 더 견고하게 만들었다. 얼마나 견고했던지, 그의 우주는 그로부터 거의 2천 년 동안 인류의 사고를 가둬 버렸다. 그는 지구가 둥근 우주의 중심에 있다고 생각했다. 그리고 태양과 달을 비롯한 다른 태양계 행성들이 전부 지구를 중심에 두고 돌고 있다고 생각했다.

    우리가 이 거대한 우주라는 무대 한가운데의 주인공이라고 여겼던 '코스믹 나르시시즘'은 단순히 스스로를 특별한 존재로 보았던 자만심 때문만은 아니다. 또, 단지 지구에 서 있을 때 아무런 어지러움을 느끼지 못했기 때문만도 아니다. 이 착각은 나름대로 아주 철저한 논리에 기반한 과학적 결론이었다. 지구가 우주의 중심일 것이라는 천문학적 결론은 뜻밖에도, 천문학이 아닌 고대의 화학적 이론에 기반한다.

    아리스토텔레스는 우주 만물이 단 네 가지의 기본 원소로 이루어져 있다고 생각했다. 고대 자연철학을 지배한 사원소설이다.

이 기본 원소에는 흙, 물, 공기 그리고 불이 있다. 각 기본 원소는 고유한 성질을 갖고 있는데, 이들이 어떻게 조합되는지에 따라 모든 물질이 만들어진다고 생각했다. 지금 와서 생각해 보면 마치 포켓몬의 특성을 분류하는 듯한 유치한 생각처럼 보이지만, 이는 당시까지만 해도 인류의 패러다임을 지배한 철학이었다.

그런데 아리스토텔레스는 여기에 더욱 흥미로운 설명을 추가했다. 당시는 아직 뉴턴이 사과를 얻어맞고 중력을 깨우치기 전이었다. 그래서 고대의 철학자들은 땅으로 떨어지는 물체의 낙하 운동을 중력이 아닌 다른 방식으로 설명해야 했다. 아리스토텔레스는 물체의 고유한 성질에 따라 물체가 떨어지는 속도도 달라진다고 생각했다. 그리고 무거운 물체일수록 더 빠르게 떨어진다고 주장했다. 이 이론은 네 가지 기본 원소에도 적용되었다. 아리스토텔레스의 주장에 따르면 흙이 가장 무거웠고, 물, 공기, 불 순으로 가벼웠다. 원소 중 가장 무거운 흙은 물속에서 가라앉고, 가장 가벼운 불은 공기를 뚫고 위로 올라간다는 것이 그 증거였다. 이처럼 아리스토텔레스는 네 가지 기본 원소에 일종의 위계를 부여했다.

아리스토텔레스의 사원소설에 기반하면 결국 가장 무거운 기본 원소인 흙은 계속 우주의 중심을 향해 떨어져야 한다. 그렇게 흙이 뭉쳐서 우리가 발을 딛고 살아가는 지구가 만들어졌다고 생각한 것이다. 그런데 땅에 쌓여 있는 흙은 더 이상 아래로 떨어지지 않는다. 그것은 결국 떨어질 수 있는 한계, 바로 우주의 한가운데에 지구의 흙이 쌓여 있다는 뜻이었다. 흙 다음으로 가벼운 물은 그 위에 고여 있고 그것이 지구의 바다와 강을 이루었다. 그 다음으로 가벼운 것은 공기인데, 땅과 바다 위를 에워싸고 있는 지구의 대기권을 자연스럽게 설명했다. 마지막으로 가장 가벼운 것이 불이기 때문에, 불은 지구의 대기권 너머 하늘 멀리 올라가 있어야 했다. 아리스토텔레스는 밤하늘에서 빛나는 별의 정체가 바로 천상의 불꽃이라 생각했다.

지구를 우주의 중심이라고 생각했던 고대의 우주관은 의외로 체계적인 논리에 기반했다. 그래서 지구 중심 우주 모델을 무너뜨리기란 그리 간단한 문제가 아니었다. 우주의 중심에 박혀 있던 지구를 쫓아내는 건, 단지 지구만의 문제가 아니었기 때문이다. 그것은 우주관과 맞물려 돌아가는 아리스토텔레스의 사원소설을 비롯한 당시의 모든 과학적, 자연철학적 패러다임을 송두리째 뒤집어 엎어야 하는 혁명 수준의 변화였다. 일찍이 지구 중심 우주 모델만으로는 속 시원하게 설명되지 않는 관측적 문제가 발견되고 있었음에도 이미 뿌리 깊게 자리 잡은 패러다임을 뒤집기가 쉽지 않았던 이유는 이 때문이다.

코페르니쿠스보다 먼저
태양 중심 세계관을 상상한 사람

잠시 용어를 정리하고 갈 필요가 있겠다. 예전 교과서에서는 고대에 지구를 중심에 두었던 우주관을 천동설이라고 불렀다. 지구는 가만히 있고 하늘이 움직이는 우주 모델이라는 뜻이다. 반대로 오늘날 우리가 받아들이고 있듯이, 태양을 중심에 두고 그 주변에 지구가 움직이는 모델을 지동설이라고 불렀다. 하지만 사실 이러한 표현이 우주 모델을 상상하는 데 직관적이지 못하다는 문제 제기가 있어 왔고, 요즘에는 원래 이름을 직역한 표현을 더 많이 사용하는 추세다. 따라서 이 책에서는 천동설과 지동설을 각각 '지구 중심 우주 모델'과 '태양 중심 우주 모델'로 표현하려 한다.

태양 중심 우주 모델을 처음으로 주장한 사람으로 흔히 니콜라스 코페르니쿠스를 떠올린다. 하지만 놀랍게도 그보다 무려 1700년이나 앞선 시기에, 우주의 중심에는 지구보다 태양을 두는 것이 더 자연스러워 보인다는 주장을 펼친 인물이 있었다. 고대 그리스의 천문학자 아리스타르코스Aristarchos다. 그는 직접 시에네에서 알렉산드리아까지 두 발로 뚜벅뚜벅 걸어 다니면서 지구의 곡률을 재고 둘레를 구했던 것으로 유명한 에라토스테네스Eratosthenes의 친구이기도 했다.

아리스타르코스는 어느 날 월식을 보면서 놀라운 계산을 시도했다. 월식은 태양을 가린 지구의 그림자 속으로 달이 지나가면서, 달이 잠시 어둡게 가려지는 현상이다. 그는 월식을 활용하면 태양과 지구, 달의 상대적인 지름을 비교할 수 있겠다고 생각했다. 그는 간단한 기하학을 접목해서 태양 지름이 지구에 비해 약 7배 정도 더 커야 한다는 결과를 얻었다. 물론 이 값은 오늘날 우리가 정확히 알고 있는 태양 크기에 비하면 택도 없는 잘못된 결과다. 실제 태양의 지름은 지구에 비해 109배나 더 크다. 그러나 태양이 지구보다 훨씬 크다는 통찰에 도달했다는 점만으로도 아리스타르코스의 발견은 충분히 빛난다.

그가 봤을 때, 태양은 확실히 지구보다 훨씬 컸다. 그런데 이렇게 거대한 태양이 훨씬 작은 지구를 중심에 모시고 그 주변을 맴돈다는 게 이상해 보였다. 덩치가 더 큰 천체가 중심에 놓여 있고, 주변에는 작은 천체가 붙잡혀 맴도는 것이 더 자연스러운 그림이지 않은가? 아리스타르코스의 계산 값에는 비록 많은 오류가 있었지만, 그는 태양이 지구보다 더 클 것이라는 예상을 근거로 들어 지구가 아닌 태양을 중심에 둔 우주를 상상한 역사상 첫 인물이다. 하지만 아쉽게도, 당시 그의 주장은 큰 주목을 받지 못하고 잊혀졌다.

그로부터 한참 시간이 지난 1543년, 폴란드의 천문학자 코페르니쿠스가 그의 마지막 문제작 《천체의 회전에 관하여》를 출간했다. 이 책에서 그는 지구가 아닌 태양을 우주의 중심에 두는 것이 당시까지 관측되고 있던 태양계 행성과 달의 움직임을 가장 간단하게 설명할 수 있는 좋은 해답을 제시한다고 주장했다. 사실 그의 논리는 꽤 단순했다. 우주의 중심에 지구가 아닌 태양을 두어야 미적으로 훨씬 깔끔하고 단순해 보인다는 게 이유였다.

이미 당시 천문학자들 사이에서는 기존의 지구 중심 우주 모델만으로 도무지 설명되지 않는 미스터리가 하나 있었다. 지구의 밤하늘에서 태양계 행성들이 이따금 원래 움직이던 방향의 반대 방향으로 움직이는 듯한 모습을 보인 것이다. 화성이 그 대표적인 행성이었다.

고대의 천문학자들이 상상한 것처럼, 모든 행성이 중심에 지구를 두고 그 주변을 완벽한 원 모양으로 맴돈다고 생각해 보자. 그 모습을 지구에서 바라본다면, 당연히 행성들은 매일 일정한 방향으로 조금씩 위치가 변하는 것처럼 보여야 한다. 그런데 실제 행성의 움직임은 그렇지 않았다.

매일밤 같은 시각에 밤하늘에서 보이는 행성의 위치 변화를 추적하면, 행성들은 이따금 서서히 속도가 느려지더니 갑자기 원래 움직이던 방향의 반대 방향으로 이동했다. 그러다가 다시 얼마 지나지 않아 행성들의 역주행은 멈추고 다시 원래 방향으로 움직였다. 이러한 행성들의 역행은 기존의 간단한 지구 중심 우주 모델만으로는 도무지 설명할 수 없었다.

더 간단한 해답이
진리에 더 가깝다

이 난관에 부딪혔을 때, 천문학자들은 속 시원하게 지구 중심 우주 모델을 포기하고 새로운 모델을 지지했을까? 그렇지 않았다. 천문학자들은 오히려 지구 중심 우주 모델에 크고 작은 수정을 덧대면서 강제로 그 수명을 연장시켰다. 대체 어떻게 해야, 우주의 중심에 지구를 둔 채로 행성들의 역행을 설명할 수 있을까?

고대의 천문학자들은 아주 흥미로운 잔머리를 굴렸다. 지구를 중심으로 도는 행성들의 궤도에 약간의 변화를 준 것이다. 그들은 지구를 중심으로 크게 그리던 기존의 원 궤도상에 다시 작은 원을 하나 더 추가했다. 이것을 주전원Epicycle이라고 한다. 그들은 주전원 자체가 지구를 중심으로 크게 원을 그리며 돌고 있고, 실제 행성은 그 주전원 안에서 다시 작게 빙글빙글 돌고 있다고 생각했다.

이렇게 하면 지구에서 봤을 때, 주전원상의 행성들이 움직이면서 가끔씩 행성의 운행 방향이 바뀌는 것처럼 보이는 구간이 발생한다. 상당히 복잡한 모습이지만, 이런 식으로도 행성의 역행을 설명할 수 있다. 당시 천문학자들은 주전원이라는 새로운 보조 장치를 추가하기만 하면, 지구 중심 우주 모델을 고집하면서도 행성의 역행이라는 새로운 문제를 해결할 수 있을 것으로 기대했다.

하지만 코페르니쿠스는 여기에 동의하지 않았다. 시간이 흐르

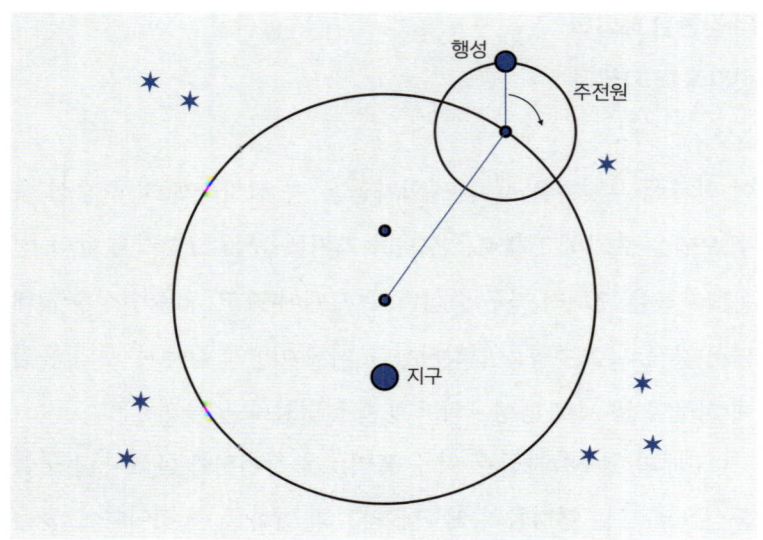

지구 중심 모델은 행성이 큰 원 궤도 위에서 더 작은 원, 주전원을 따라 돈다고 생각했다. 지구가 궤도 중심에서 약간 벗어나 있는 것은 행성과의 거리 변화 현상을 설명하기 위해서였다.

면서 천문학자들은 계속 더 미세한 행성들의 움직임을 측정하기 시작했는데, 그때마다 새로운 관측 결과를 설명하기 위해 더 작은 주전원이, 또 그 위에 주전원의 주전원이 계속 복잡하게 추가되어야 했기 때문이다. 어느샌가 지구를 중심에 둔 우주 모델은 마치 톱니바퀴가 복잡하게 얽혀 있는 시계 장치같은 모습이 되고 말았다.

코페르니쿠스는 실제 우주가 이렇게 쓸데없이 복잡하게 작동할 리가 없다고 생각했다. 앞서 말했듯이 코페르니쿠스는 지극히 미적인 기준에서 태양 중심 우주 모델을 주장했다. 우주의 중심에 지구를 계속 두기 위해서는 너무나 많은 주전원이 필요했고 결국 지나치게 복잡하고 지저분한 모양이 되었기 때문이다.

하지만 우주의 중심에 태양을 둔다면 어떨까? 그러면 우주 모델을 훨씬 깔끔하게 만들 수 있다. 태양을 중심으로 지구와 화성이 공전하는 모습을 상상해 보자. 화성은 지구보다 더 바깥에서 큰 궤도를 돌고 있고, 지구보다 더 느리게 움직인다. 안쪽 궤도의 지구에서 화성을 바라본다면, 화성이 더 느리게 움직이기 때문에 가끔 지구가 화성을 더 앞지르는 구간이 발생한다. 그러면 지구의 밤하늘에서는 잠시 화성이 거꾸로 움직이는 듯한 모습을

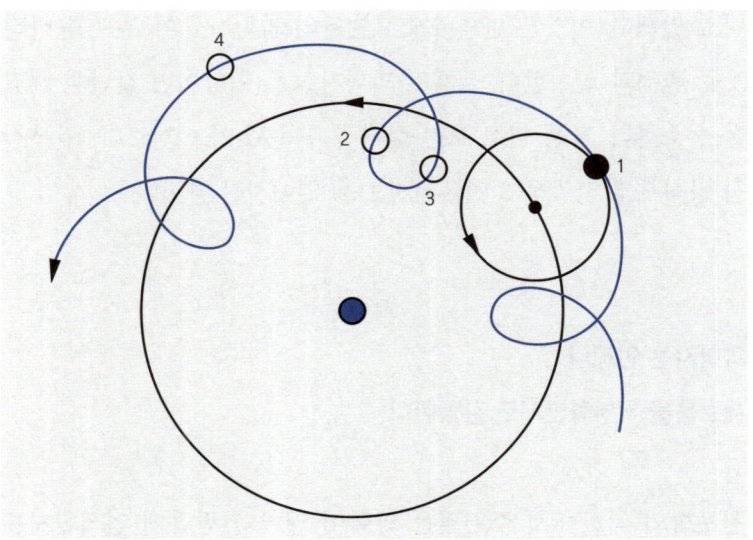

주전원 없이 태양을 중심에 두는 경우의 우주 모델.

볼 수 있게 된다. 이처럼 우주의 중심에 태양을 두면, 행성의 역행을 주전원이라는 복잡한 가정 없이도 쉽게 설명할 수 있었다.

'더 간단한 해답이 진리에 가까울 것이다.' 이것은 14세기 영국의 수도사 오컴의 윌리엄William of Ockham이 제시한 논법이다. 그는 무언가를 설명할 때 불필요하게 복잡한 논리가 필요하다면 진리가 아닐 가능성이 높다고 주장했다. 똑같은 결과를 설명하는 다양한 가설이 있을 때, 이왕이면 단순 명료한 것이 진리에 가깝다는 논법이다. 이것을 오컴의 면도날Ockham's razor이라고 한다.

오컴은 별의 움직임을 설명하기 위해 별을 미는 천사 같은 것은 필요하지 않고, 단지 조물주가 우주에 부여한 원리만 있으면 된다고 말했다. 이것은 완벽하게 오늘날의 과학자들이 우주를 바라보는 관점과 일치한다. 실제로 과학자들은 이왕이면 간단한 해답을 선호한다. 물론 알고 보면 실제 우주는 우리 예상보다 더 복잡한 방식으로 작동하고 있을런지 모를 일이지만 말이다.

과학자는 언제나
새로움을 거부하면서도 갈망한다

천문학의 역사에서 주전원은 과학이 얼마나 변화에 인색한지를 보여 주는 흥미로운 사례다. 주전원은 어떻게 해서든 기존의 패러다임을 고수하고자 고집을 부린 흔적이다. 흔히 과학자는 진취적이고 변화를 환영하는 사람들이라고 생각하지만, 꼭 그렇지만은 않다. 역사를 보면 오히려 정반대의 모습을 보여 준 사례들이 수없이 많다.

기존의 패러다임을 정면으로 부정하는 새로운 발견이 등장했을 때, 과학자들은 굉장히 이중적인 모습을 보인다. 결국 과학자들도 오랫동안 기존의 패러다임 안에서 우주를 바라보고 이해해 왔기 때문에, 기존의 패러다임에 갇혀 있는 것이다. 그들에게도 패러다임의 붕괴는 세계관이 무너지는 것이나 다름없다. 특히나, 우주를 올바르게 이해하는 것을 직업적 사명으로 받아들이고 살아가는 천문학자라면 더욱 그렇다.

그래서 천문학자들은 최대한 자신이 믿고, 배워 왔던 우주가 무너지지 않기를 바란다. 지금까지 일궈 온 과학적 성과와 우주관을 폐기하는 데는 큰 용기와 결단이 필요하다. 하지만 동시에 또 다른 마음 한 켠에는 지긋지긋한 기존의 패러다임이 언젠가 무너지고, 새로운 변화를 맞이하고픈 못된 마음도 품고 있다. 교과서에서나 볼 수 있는 새로운 과학 혁명의 순간에 함께하고 싶은 욕망도 있는 것이다. 모든 천문학자들은 새로움을 두려워하는 동시에 새로움을 기다린다. 우리는 두 가지의 서로 다른 감정이 공존하는, 양가감정을 품고 사는 존재다.

지구에서 태양으로,

우주의 중심이 뒤바뀐 순간

 과학철학자 토마스 쿤Thomas Kuhn은 패러다임이라는 단어를 정의하면서, 과학의 역사도 혁명을 통해 발전되어 왔다고 주장했다. 그가 이야기했던 '과학 혁명'이라는 단어는 실제로 과학의 역사가 아주 급진적이고 진취적인 소수에 의해 빠르게 변화되어 왔을 것만 같은 어감으로 들린다.

 하지만 막상 과학의 역사를 자세히 들여다보면 실상은 많이 다르다. 과학의 발전은 굉장히 소심하고 점진적으로 이루어졌다. 일찍이 고대의 천문학자들은 행성이 가끔 이해할 수 없는 역행을 보인다는 사실을 잘 알고 있었다. 그럼에도 꾸역꾸역 주전원이라는 복잡한 보조 장치를 끊임없이 덧붙이면서, 기존의 지구 중심 우주 모델을 고집했다.

　굳건한 지구 중심 우주 모델을 무너뜨리기 위해서는 이런 한두 가지 관측 결과만으로는 부족했다. 더 강력한 반박 증거가 필요했다. 코페르니쿠스가 조심스럽게 던졌던 의문은 사람들의 기억 속에서 잊혀지고 있었고, 교황청은 은근슬쩍 그의 책을 금서로 지정했다. 결국 그로부터 다시 100년이 더 지난 이후에야, 천문학자 갈릴레오 갈릴레이의 끈질긴 설득 끝에 코페르니쿠스의 명예는 회복될 수 있었다.

고개 대신 망원경을
들어올려 하늘을 보다

17세기 초, 갈릴레오는 네덜란드에서 유행하고 있다는 새로운 장난감에 큰 흥미를 가졌다. 렌즈 두 개를 나란히 배열해서 겹쳐 보면 멀리 떨어진 세상이 더 크게 보이는 신기한 물건이었다. 갈릴레오는 직접 그 설계를 본떠서 자신만의 새로운 도구를 만들었다. 이것이 바로 망원경이다.

　가끔 갈릴레오가 망원경을 처음으로 발명했다고 알고 있는 경우가 있는데, 잘못된 이야기다. 망원경은 갈릴레오 이전부터 이미 존재한 물건이었다. 다만 갈릴레오 이전과 이후의 망원경에는 큰 차이가 존재한다. 갈릴레오 이전까지 망원경은 땅을 보는 도구였다. 항해사들이 망망대해에서 주변 섬과 육지를 찾거나, 전쟁터에서 적군의 움직임을 살필 때 망원경이 쓰였다. 갈릴레오 이전의 망원경은 지극히 실용적인 도구였다.

하지만 갈릴레오는 망원경으로 하늘을 본다면, 하염없이 멀게만 느껴지는 천상의 모습을 더 자세하게 들여다볼 수 있겠다고 생각했다. 그렇게 그는 처음으로 망원경의 고개를 들어올렸다. 갈릴레오는 망원경을 천문 관측의 도구로 사용한 첫 인물이라는 점에서 큰 의미가 있다.

갈릴레오의 망원경이 맨 처음 겨냥한 것은 달이었다. 당시까지만 해도 사람들은 달과 태양을 비롯한 모든 천체가 단 한 치의 오차 없이 완벽한 조물주의 피조물이라고 생각했다. 기하학적으로 가장 이상적이고 완벽한 형태는 원과 구이기에, 천문학자들은 모든 천체가 완벽하게 둥글고 매끈한 구의 모습이라고 생각했다. 불완전한 지상계는 울퉁불퉁한 산맥과 골짜기로 덮여 있지만, 하늘에 떠 있는 달과 태양은 도자기처럼 매끈하고 완벽한 모습일 것이라고 말이다.

하지만 갈릴레오의 망원경 렌즈에 비친 달의 모습은 전혀 달랐다. 달 표면은 곳곳이 얼룩지고 울퉁불퉁했다. 크고 작은 크레이터로 가득한 달 표면의 모습은 너무나 낯설고 당황스러웠다. 쉽게 말해서, 달은 지구 못지 않게 너무 못생겨 보였다. 조물주의 완벽한 피조물이라기에는 전혀 어울리지 않는 모습이었다. 갈릴레오는 1610년 자신의 저서 《시데레우스 눈치우스*》에 직접 바라본 달의 모습을 소개했다. 갈릴레오는 망원경을 통해 머나먼 하늘에서 날아온 우주의 소식을 엿들었고, 그것을 우리에게 인간의 언어로 풀어서 들려주고자 했던 것이다.

목성이 벌인
우주의 하극상

갈릴레오가 남긴 달 그림을 보면 한 가지 흥미로운 점을 발견할 수 있다. 갈릴레오의 책에서는 보름달을 그린 그림을 절대 찾을 수 없다는 점이다. 갈릴레오는 보름달을 보는 건 달을 제대로 보는 방법이 아니라고 생각했다. 심지어 주변의 다른 천문학자들이 그린 보름달 그림을 보면서 엉터리라고 모욕할 정도였다. 갈릴레오는 늑대 인간의 후예라도 됐던 걸까? 그는 왜 그토록 보름달을 미워했을까?

그 이유는 보름달일 때는 달의 거친 표면 질감을 느끼기 어렵기 때문이었다. 보름달은 달 표면 위에 태양 빛이 수직으로 비출

• Sidereus Nuncius, 별에서 온 메신저라는 뜻의 라틴어이다.

갈릴레오의 《시데레우스 눈치우스》에 실린 달 드로잉.

때 지구에서 본 모습이다. 그래서 보름달일 때는 달 표면의 산맥과 크레이터의 그림자가 잘 보이지 않고, 비교적 매끈하게 느껴진다. 갈릴레오는 달의 본질은 거친 질감이라고 생각했고, 보름달은 그러한 달의 본질을 감춘다고 생각했다.

반면 반달, 초승달일 때는 다르다. 태양 빛이 달 표면에 비스듬하게 비춰지면서 달 표면에 산맥과 크레이터의 그림자가 두드러지게 그려진다. 갈릴레오는 달을 올바르게 보려면 반달과 초승달을 봐야 한다고 생각했다. 그리고 이러한 달의 거칠고 못생긴 모습은 천상의 피조물에 대한 기대를 저버리게 만들었다. 지상과 천상은 별반 다르지 않았다. 천상의 달도 온갖 산맥과 골짜기로 울퉁불퉁하고 못생긴, 지상과 비슷한 모습을 보이고 있었으니 말이다.

1610년 겨울이 되면서 갈릴레오는 목성으로 눈을 돌렸다. 목성은 마침 태양 반대편에 놓이면서, 한밤중 내내 지구의 하늘에서 아주 밝게 보였다. 지구를 중심에 둔 고대의 우주 모델에 따르면, 태양과 목성을 비롯한 모든 천체들은 중심에 오직 지구만을 모셔야 했다. 그런데 갈릴레오는 목성 곁에서, 놀라운 예외의 가능성을 발견했다.

매일 밤 망원경으로 바라본 목성 옆에는 정체를 알 수 없는 작은 점이 희미하게 빛났다. 처음에 갈릴레오는 그것이 단지 목성 너머 비슷한 방향에서 보이는 배경 별이라 생각했다. 그렇다면 그 작은 점들은 계속 가만히 한 자리에 박혀 있을 것이고, 목성만 홀로

> OBSERVATIONS OF THE STARS
>
> were still nearer together, for they were only 20' apart. The western star appeared rather small in these two observations.
>
> Feb. 1. At the second hour of the night the arrangement was similar. The star farthest to the east from Jupiter
>
> Ori.　　*　　・O　　　*　Occ.
>
> was at a distance of 6', and the western star 8'. On the east side there was a very small star, at a distance of 20' from Jupiter. They made a perfectly straight line.
>
> Feb. 2. The stars were seen arranged thus. There was one only on the east, at a distance of 6'
>
> Ori.　*　　　O　　　*　　　*　Occ.
>
> from Jupiter. Jupiter was 4' from the nearest star on the west; between this star and the star further to the west there was an interval of 8'; they were in the same straight line exactly, and were nearly of the same magnitude. But at the seventh hour four stars were there
>
> Ori.　*　　*　O　　　*　　　*　Occ.
>
> two on each side of Jupiter. Of these stars, the most easterly was at a distance of 4' from the next; this star was 1' 40" from Jupiter; Jupiter was 6' from the nearest star on the west, and this one from the star farther to the west, 8'; and they were all alike in the same straight line, drawn in the direction of the Zodiac.
>
> Feb. 3. 7 h. The stars were arranged in the following way. The star on the east was at a distance of 1' 30" from Jupiter.

갈릴레오의《시데레우스 눈치우스》에 실린 목성과 위성의 그림. 가운데 동그라미가 목성이고 별표가 목성 주변을 움직이는 위성들이다.

천천히 위치를 바꾸면서 이동할 것이었다. 그런데 실제는 달랐다. 매일 밤 목성과 함께 그 주변에 보이는 희미한 점들이 함께 따라왔다. 그것은 그 작은 점들이 목성 곁에 붙잡혀 있는 존재라는 의미였다.

게다가 날짜가 흘러가면서 목성 양 옆에서 보이는 작은 점의 개수와 위치도 조금씩 달라졌다. 어떨 때는 목성 주변에서 점이 네 개까지 보였고, 또 어떨 때는 세 개, 두 개로 줄기도 했다. 하지만 그 어떤 점도 목성 곁을 아예 벗어나 멀리 사라지지 않았다. 마

미항공우주국NASA의 갈릴레오 탐사선이 포착한 갈릴레오 위성(칼리스토, 가니메데, 유로파 그리고 이오)의 모습.

치 목성이 주변에 가둬 놓기라도 한 것처럼, 작은 점들은 목성에서 일정한 범위를 벗어나지 않고 주변을 맴돌았다. 갈릴레오는 이러한 관측을 통해 목성 곁을 맴도는 또 다른 천체가 있다는 생각을 하게 되었다. 갈릴레오는 목성의 위성을 발견한 것이다. 위성 네 개가 곁을 맴돌다 보면 그 중 일부가 목성 뒤에 숨어 버려 보이지 않는 때가 있었고, 그래서 가끔씩 목성 주변에서 보이는 작은 점의 개수가 하나둘 줄어든 것처럼 보였던 것이다.

목성 곁에도 위성이 맴돌고 있다는 발견은 오랫동안 지구에게만 주어져 있던 특별한 권위를 더욱 훼손시켰다. 밤하늘의 천체들은 오직 중심에 지구 하나만을 두고 궤도를 도는 게 아니었다. 목성도 또 다른 천체들의 중심이 될 수 있었다. 목성의 위성들이 벌이고 있던 우주의 하극상은, 갈릴레오로 하여금 우주의 중심에 지구가 아닌 태양을 두어야 할지도 모른다는 고민을 하게 만들었다.

**새로운 과학은
수많은 실패에서 태어난다**

갈릴레오는 이러한 자신의 다양한 발견을 담아 책으로 출간했고, 그의 책은 곧 유럽 전역에서 빠르게 주목받았다. 하지만 당시까지 과학자들의 머릿속에 뿌리 깊게 자리 잡고 있던 아리스토텔레스의 철학은 뒤집기 어려웠다. 게다가 지구가 우주의 중심이 아닌, 그저 태양 곁을 맴도는 작은 돌멩이 하나에 불과하다는 그의 주장은 당시 이탈리아를 지배하고 있던 가톨릭 세계관과 충돌했다. 교황청은 갈릴레오를 불러들였고, 그에게 엄중한 처벌을 경고했다. 하지만 갈릴레오는 포기하지 않았다. 그는 우주가 들려주는 이야기를 거부할 수 없었다.

갈릴레오가 망원경으로 관측했던 금성의 모습은, 끝까지 고집을 부리던 천문학자들을 무릎 꿇게 만든 가장 중요한 관측적 증거로 여겨진다. 그는 가끔 초저녁 또는 새벽녘에 지평선 근처 하늘에서 밝게 빛나는 금성을 망원경으로 바라봤다. 맨눈으로 봤을 때는 그저 밝게 빛나는 작은 점처럼 보이지만, 망원경으로 본 금성은 그 뚜렷한 형태를 보여 주었다. 금성은 마치 달처럼 다양한 모습으로 변했다. 보름달처럼 둥근 모습부터 반달, 그리고 초승달처럼 아주 가는 모습까지, 금성의 위상은 다양하게 변했다. 그리고 이것은 기존의 지구 중심 우주 모델을 근본적으로 무너뜨리는 계기가 되었다.

지구 중심 우주 모델은 우주 중심에 지구를 두고, 그 주변에 태양이 원 궤도를 도는 모습을 그린다. 금성은 태양과 지구 사이에 더 작은 궤도를 그리는데, 그 궤도상에 그려진 또 다른 작은 원, 주전원 안에서만 맴돈다. 따라서 지구를 중심에 둔 우주에서 금성은 무슨 수를 써도 항상 지구와 태양 사이에만 놓인다. 그렇게 되면 지구에서 볼 수 있는 금성의 위상은 제한된다. 지구에서 봤을 때, 금성은 항상 태양 빛을 등지고 있는 모습으로만 보여야 하기 때문에 대부분 얇은 초승달, 기껏해야 반달 정도의 모습까지만 볼 수 있어야 한다.

그런데 갈릴레오가 확인한 금성은 분명 보름달처럼 빛이 가득 찬 위상도 보여 주었다. 그 모습은 태양 빛이 금성의 전면에 비춰지고, 금성에 반사된 태양 빛을 우리가 지구에서 보고 있다는 뜻이었다. 즉, 금성이 태양보다 더 멀리, 태양 너머까지 멀어질 때가 있다는 뜻이었다.

이 현상은 태양을 우주 중심에 두면 자연스럽게 설명할 수 있다. 태양을 중심으로 안쪽에 금성이 작은 궤도를 그리고, 바깥쪽에 지구가 큰 궤도를 그린다. 그러면 시기에 따라 금성은 태양과 지구 사이를 지나가기도 하고, 지구에서 봤을 때 태양 건너편으로 넘어갈 수도 있다. 우리가 보름달 모양의 금성을 볼 수 있는 이유는 바로 이때, 금성의 둥근 얼굴에 반사된 태양 빛을 보기 때문이다.

한때 행성의 역행을 설명하기 위해 임시 방편으로 주전원이라는 보정 장치까지 고민하며 나름 만족스럽게 살아왔던 천문학자들은 결국 갈릴레오의 끊이지 않는 문제 제기에 승복했다. 그들은 오래전 잊혔던 코페르니쿠스의 태양 중심 우주 모델에 손을 들어줄 수 밖에 없었다.

이처럼 기존의 패러다임을 무너뜨리고 새로운 패러다임으로 나아가기 위해서는 겨우 몇 번의 문제 제기만으로는 부족하다. 과학, 그리고 과학자는 의외로 변화에 인색하며 고집이 세기 때문이다. 단 한 번의 운 좋은 통찰이 아닌, 집요한 노력이 필요하다.

우주의 팽창도

언젠가는 멈출까?

그렇다면 지금은 어떨까? 흥미로운 사실은, 21세기가 된 지금도 우리는 전혀 달라지지 않았다는 점이다. 주전원의 역사는 지금도 반복되고 있다. 21세기 버전의 주전원이라고 한다면, 나는 현대 우주론의 가장 난해한 미스터리 중 하나인 '암흑 에너지'를 이야기하고 싶다. 그리고 암흑 에너지가 무엇인지 이해하려면, 우선 우주의 팽창에 관해 이야기해야 한다.

우주는 팽창한다. 천문학자 에드윈 허블Edwin Hubble은 먼 은하들이 우리 곁에서 빠르게 멀어지고 있다는 사실을 통해 우주의 팽창에 대한 단서를 제공했다. 특히 더 중요한 점은 은하가 우리에게서 멀어지는 속도가 그 거리에 비례해서 빨라진다는 점이다. 두 배

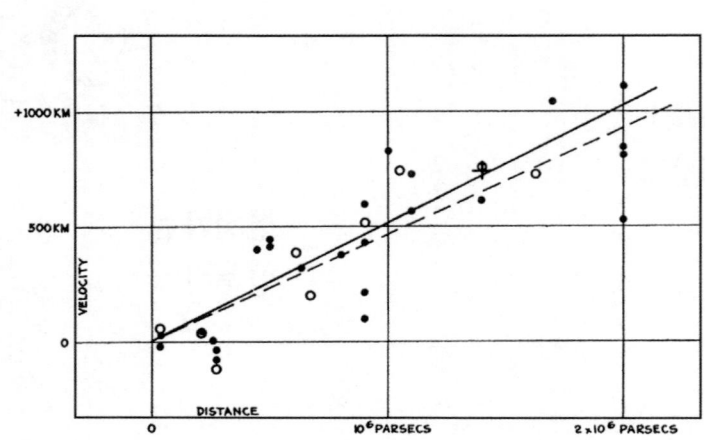

허블의 논문에 삽입된 역사적인 그래프.

더 먼 은하는 두 배 더 빠르게 멀어지고, 세 배 더 먼 은하는 세 배 더 빠르게 멀어진다. 허블은 자신의 논문에서 아주 역사적인 그래프를 선보였다. 그래프의 가로축을 각 은하들의 거리로 하고, 세로축을 은하들이 우리에게서 멀어지는 속도로 한다. 그러면 모든 은하들은 단 하나의 직선 위에 놓인다. 이 그래프는 은하들이 우리에게서 멀어지는 속도가 그 거리에 비례해서 빨라진다는 사실을 보여 준다.

이것은 은하들이 놓여 있는 우주 시공간 자체가 균일하게 팽창하기 때문이다. 우주의 팽창은 오븐 속에서 부푸는 빵 반죽과 비슷하다. 빵 반죽 위에 건포도 토핑을 여러 개 붙여 놓은 채로 오븐에서 빵을 굽는다고 생각해 보자. 빵 반죽이 부풀면서 그 위에 붙여 놓은 건포도 사이 거리도 모두 멀어진다. 여기에서 중요한 점은, 건포도가 직접 빵 반죽 위를 기어다니지는 않았다는 점이다. 모든 건포도는 반죽 위에 그대로 가만히 붙어 있었다. 단지 건포도가 올라가 있는 반죽 덩어리 자체가 부풀면서, 각 건포도 사이 거리가 벌어질 뿐이다. 빵 반죽이 전체적으로 균일하게 팽창하기 때문에, 각 건포도 사이 거리가 벌어지는 속도는 그 사이 거리에 비례해서 증가한다.

우주의 팽창도 이와 같다. 허블의 발견이 중요한 이유는 단순히 은하들이 우리에게서 멀어진다는 것을 발견했기 때문이 아니다. 은하들이 우리에게서 멀어지는 속도가 정확하게 거리에 비례해서 늘어난다는 점이 이 발견의 핵심이다.

우주가 맞게 될
최후를 상상하다

우주가 팽창하고 있다면, 시간을 거슬러 올라갔을 때 과거의 우주는 지금보다 훨씬 작았을 것이라고 쉽게 짐작할 수 있다. 여기서 시간을 더 거슬러 올라가면, 언젠가 우주의 모든 물질과 에너지가 한 점에 모여서 우주를 더 이상 작게 만들지 못하는 순간에 이르게 된다. 천문학자들은 바로 이 순간을 우주의 시작으로 정의한다. 비디오 테이프를 거꾸로 되감다 보면 끝이 있듯이, 우주의 과거도 무한하지 않았던 것이다. 우주에게도 분명 시작점이 있었다. 그 때부터 현재까지 우주가 얼마나 오랫동안 존재했는지를 잴 수 있다면, 그것은 곧 우주의 나이가 된다.

현재 천문학자들이 추정하는 우주의 나이는 대략 138억 년이다. 태초에 아주 작은 크기, 극단적으로 높은 밀도로 뭉쳐 있던 우주가 갑자기 팽창을 시작했다. 그리고 지금의 스케일에 이르렀다. 그렇다면 자연스럽게 다음 질문이 따라온다. 138억 년 동안 이어진 우주의 추세를 따라간다면, 결국 우주의 최후는 어떻게 될까?

야구공을 빠르게 위로 집어던지는 상황을 생각해 보자. 눈에 보이지 않지만 분명 야구공은 지구 중력의 영향을 받는다. 처음에 빠르게 날아가기 시작한 야구공은 서서히 느려지고 언젠가 속도가 0이 된다. 그리고 다시 땅으로 떨어진다. 1990년대 초까지 천문학자들은 우주도 이런 식으로 변하리라고 생각했다.

우주는 수많은 은하로 가득 채워져 있고, 눈에 보이지 않는 암흑 물질까지 우주 전역에 퍼져 있다. 이것들은 모두 질량을 갖고 있어서 끈끈한 중력으로 서로를 잡아당기고 있다. 그래서 빅뱅 직후에는 우주가 빠르게 팽창했더라도, 우주 전체 물질이 서로를 잡아당기는 중력은 팽창을 서서히 더디게 할 것이다. 그리고 언젠가 팽창이 완전히 멈추는 날도 올 것이다. 중력이 우주 팽창을 더디게 만드는 일종의 브레이크 역할을 하리라 생각한 것이다.

    천문학자들은 심지어 언젠가 우주가 자체 중력만으로 수축되어 빅뱅 직후의 상태로 되돌아갈 수도 있다고 생각했다. 즉, 우주의 팽창이 점점 느려지는 감속 팽창을 기대했던 것이다. 높이 올라갔던 야구공이 다시 속도를 잃고 땅으로 떨어지는 것처럼 말이다.

초신성이 밝혀낸

우주의 또 다른 진실

1990년대 중반, 천문학자들은 우주의 팽창이 정말 느려지는지를 검증하기 위한 새로운 관측을 시작했다. 우주의 팽창 속도가 어떻게 변해 왔는지 확인하려면, 먼 과거부터 현재에 이르기까지 다양한 시점에서 우주의 팽창률을 비교해야 한다. 그리고 은하의 거리를 정확히 구해야 한다. 은하가 너무 멀어지면 그 은하에 살고 있는 개개의 별을 분간하기 어렵고, 또 은하가 너무 어둡게 보이기 때문에 정확한 거리를 재기 어렵다.

그나마 먼 은하의 거리를 잴 수 있는 방법이 하나 있다. 바로 초신성 폭발을 활용하는 것이다. 초신성은 비록 별 하나의 폭발이지만, 한꺼번에 막대한 에너지를 토해 내기 때문에 가장 밝아지는 순간의 밝기는 무려 별이 수천억 개 이상 모여 있는 은하 전체 밝기에 맞먹을 정도다. 그래서 아주 먼 거리에서도 쉽게 볼 수 있다.

별의 죽음이
우리에게 말해 주는 것

특히, 초신성 중에서 별 두 개가 함께 맞붙어 있는 쌍성에서 터지는 초신성이 매우 유용하다. 별은 질량에 따라 진화 속도가 다르다. 질량이 더 무거운 별은 연료를 빠르게 소진하고 빠르게 나이를 먹는다. 반대로 질량이 가벼운 별은 연료를 천천히 고갈하고 더 오랫동안 미지근하게 빛난다. 만약 질량이 무거운 별과 비교적 가벼운 별이 함께 쌍성을 이루고 있다면, 둘 중 무거운 별이 먼저 진화를 마치고 백색왜성이 되어 죽을 것이다. 그리고 그동안 나머지 별은 한창 진화를 진행할 것이다.

아직 살아 있는 가벼운 별은 천천히 진화하면서 부풀어 오르며 적색거성 단계에 접어든다. 그러면 곁에 있던 백색왜성 쪽으로 적색거성의 물질 일부가 끌려가고 유입된다. 백색왜성은 더 이상 핵융합을 하지 못하고 완전히 죽어 버린 별의 시체다. 그런데 갑자기 옆에 있던 동반성에서 새로운 물질이 유입되면서, 질량이 지나치게 무거워지기 시작한다. 서서히 죽어 가던 백색왜성이 유지하

왼쪽의 동반성에서 질량이 유입되면서 오른쪽의 백색왜성이 Ia형 초신성으로 폭발하는 모습을 표현한 그림.

고 있던 위태로운 평화에 금이 가기 시작한다. 결국 동반성의 질량이 백색왜성에 지나치게 유입되면, 백색왜성은 더 이상 버티지 못하고 다시 한번 폭발한다. 이런 식으로 폭발하는 초신성을 Ia형 초신성이라고 한다.

그런데 백색왜성이 어느 정도 질량까지 폭발하지 않고 버틸 수 있는지, 질량이 얼마 이상으로 무거워질 때 결국 초신성 폭발을 하게 되는지는, 즉 임계 질량은 아주 정확히 정해져 있다. 대략 태양 질량의 1.4배 질량을 초과하게 되는 순간 모든 백색왜성은 Ia형 초신성 폭발을 맞이한다고 알려져 있다.

별이 얼마나 많은 에너지를 방출하는지는 그 별의 질량이 결정한다. 백색왜성이 정해진 질량 한계선을 돌파할 때 폭발한다는 사실을 근거로, 천문학자들은 우주에서 폭발하는 모든 Ia형 초신성의 최대 밝기가 다 동일하다고 가정한다. 따라서 밤하늘에서 어떤 초신성 폭발을 목격한다면, 초신성의 겉보기 밝기와 우리가 이론적으로 알고 있는 초신성의 실제 밝기를 비교해서, 초신성을 품고 있는 은하까지의 거리를 유추할 수 있다. 이처럼 실제 밝기를 특정할 수 있어서 그 거리를 유추하는 데 활용하기 좋은 천체를 천문학에서는 '표준 촛불Standard candle'이라고 부른다. 먼 은하까지의 거리를 구할 때 이 Ia형 초신성은 아주 유용하게 쓰인다.

1990년대 중반, 천문학자 사울 펄머터Saul Perlmutter는 하와이 켁 망원경과 칠레 톨로로 산에 있는 쎄로 톨로로 천문대, 그리고 스페인 카나리아 제도에 있는 아이작 뉴턴 망원경 등 다양한 지상 망원경을 총동원한 대대적인 초신성 사냥에 나섰다. Ia형 초신성은 가장 밝은 섬광을 내보내는 순간의 실제 밝기가 모두 비슷할 것으로 예측되고, 또 아주 밝은 현상이기 때문에 굉장히 먼 거리에 떨어진 은하에 대해서도 활용할 수 있는 표준 촛불이라는 장점을 갖고 있다. 그런 초신성에도 치명적인 문제가 있는데, 바로 언제 어디에서 터질지 전혀 예측할 수 없다는 점이다. 그래서 펄머터는 다양한 망원경으로 계속 똑같은 은하를 여러번 훑어보면서 우연히 초신성의 폭발 순간이 목격된 적이 있는지를 샅샅이 뒤졌다. 펄머터가 이끈 이 초신성 사냥 프로젝트를 초신성 우주론 프로젝트 Supernova Cosmology Project, SCP라고 부른다.

우주는 단순히 팽창하고 있지 않았다

한편 공교롭게도 비슷한 시기에 또 다른 천문학자들이 정확히 펄머터와 같은 일을 하고 있었다. 브라이언 슈미트 Brian Schmidt는 애덤 리스 Adam Riess와 함께 칠레에 있는 지름 4m의 빅토르 블랑크 망원경을 활용해서 새로운 초신성 사냥을 진행했다. 이들이 이끌었던 관측 프로젝트는 고적색이동 초신성 탐색 High-Z Supernova Search이라고 부른다.

슈미트와 펄머터, 두 팀은 서로 협력하면서도 경쟁하는 라이벌 관계였다. 둘은 서로의 데이터를 공유했고, 1998년까지 총 40개가 넘는 Ia형 초신성 관측 데이터를 쌓을 수 있었다. 이를 바탕으로 각 은하의 정확한 거리를 재고, 각 은하가 멀어지는 속도와 비교했다. 그리고 아주 먼 과거부터 현재에 이르기까지, 우주의 팽창률이 어떻게 변해 왔는지를 확인했다.

그리고 그들은 굉장히 충격적인 사실을 확인했다. 관측에 따르면, 우주의 팽창은 태초 이래로 시간이 흐르면서 느려지는 게 아니라, 오히려 점점 더 거세지고 있었다. 우주의 팽창이 가속되고 있다는 말이다. 분명 우주에는 셀 수 없이 많은 별과 은하들이 있고, 모두 각자의 중력으로 서로를 끌어당긴다. 그런데 우주는 분명 팽창이 더 빨라지는 가속 팽창을 하고 있었다. 이건 기존의 고전적인 빅뱅 우주론, 우주 팽창 모델만으로는 쉽게 설명되지 않았다. 그렇다면 우리가 알고 있던 우주 모델이 완전히 잘못되었다는 뜻일까? 물론 그럴 가능성이 아예 없는 건 아니지만, 다행히 아직까지는 기존의 빅뱅 우주론을 통째로 갈아엎어야 할 정도의 문제는 아니다. 그렇게 믿고 있다.

대신 천문학자들은 기존의 빅뱅 우주론이라는 틀 위에 작은 수정 사항을 하나 덧붙이면서 이 문제를 해결하려고 했다. 다시 야구공을 던지는 모습을 떠올려 보자. 위로 던진 야구공이 점점 느려지다가 다시 땅으로 떨어지는 게 아니라, 오히려 올라가면 올라갈수록 더 빠르게 하늘로 치솟아 날아간다면 어떨까? 정말 당황스러운 상황일 것이다. 그리고 실제 우주가 보여 주는 가속 팽창은 앞서 말한 상황과 비슷하다.

이 난감한 상황을 설명하려면, 굉장히 어색한 변명을 해야 한다. 혹시 야구공 안에 보이지 않는 투명한 엔진이라도 숨어 있던 게 아닐까? 그래서 야구공이 손을 떠나자마자, 지구의 중력을 이겨 내고 힘차게 하늘 높이 날아오른 게 아닐까? 물론 어딘가 찜찜

하고, 마음에 들지 않는 변명이다. 하지만 분명 지구의 중력이 야구공을 아래로 잡아당기고 있는 상황에서, 중력에 반항하며 하늘 높이 빠르게 솟구쳐 날아가는 야구공의 모습을 설명하려면 이 방법밖에 없는 것처럼 보인다. 적어도 기존의 중력에 대한 우리의 이해를 송두리째 바꿀 생각이 아니라면 말이다.

천문학자들도 마찬가지다. 결국 우주의 가속 팽창이라는 엄연한 관측적 사실을 설명하기 위해, 천문학자들은 우주에도 투명한 엔진이 숨어 작동하고 있을 것이라는 설명을 내놓을 수밖에 없었다. 아무것도 없는 것처럼 보이는 텅 빈 우주 공간이 사실 에너지를 품고 있었던 게 아닐까? 진공 상태의 공간에 내재되어 있는 에너지라면 어떨까? 이 미지의 에너지로 우주가 가득 차 있고, 이것이 중력의 반대 방향으로 우주 시공간을 더 빠르게 부풀리는 쪽으로 작용하고 있다면, 우주는 수많은 은하들이 주고받는 끈끈한 중력을 이겨 내고 점점 더 빠르게 팽창할 수 있다.

다만 이 미지의 에너지가 정확히 무엇인지, 어떻게 탄생했고 어떻게 작용하는지에 대해서는 아무런 단서가 없다. 그래서 천문학자들은 정체를 알 수 없는 미지의 에너지라는 뜻에서 이 힘을 암흑 에너지Dark energy라는 그럴듯한 이름으로 부를 뿐이다.

앞으로 바라볼
우리의

우주는
어떤 모습일까?

이런 상황만 놓고 보면, 암흑 에너지라는 개념은 마치 현대판 주전원 같은 느낌이 들기도 한다. 기존의 빅뱅 우주론이라는 큰 틀은 그대로 둔 채, 당장 새롭게 관측되는 우주의 가속 팽창이라는 문제를 해결하기 위해 덧붙인 개념이기 때문이다. 지구 중심 우주 모델이라는 큰 틀을 유지한 채로 행성의 역행이라는 난감한 관측 사실을 설명하기 위해 도입했던 주전원의 역사가, 이번엔 더 거대한 우주 전체에 똑같이 재현되는 것처럼 느껴진다.

암흑 에너지는 분명 매력적인 개념이지만, 한 발짝 물러서서 엄밀하게 생각해 본다면 아직 직접적인 증거가 충분히 갖춰지지 않은 애매한 위치에 놓인 가설이라고 볼 수 있다. 하지만 의외로 암흑 에너지는 천문학계에서 아주 빠르게 받아들여지기 시작했고, 놀라운 권위를 갖게 되었다.

노벨 물리학상이 회수될지도 모른다?

2011년 10월, 우주의 가속 팽창과 암흑 에너지의 가능성을 보여 준 세 명의 천문학자 슈미트, 리스, 그리고 펄머터는 노벨 물리학상의 주인공이 되었다. 물론 노벨상 자체만으로 그 과학적 발견의 진위를 판단하기란 어렵지만, 적어도 그날의 시상식은 암흑 에너지라는 따끈따끈한 가설이 매우 이례적으로 빠르게 정설의 반열에 올랐다는 사실을 보여 주는 역사적인 사건이었다는 것만은 분명하다.

정작 우주의 팽창을 처음 발견하고 오늘날 빅뱅 우주론의 근간을 만들었던 에드윈 허블은 당시 노벨 물리학상의 영광을 누리지 못했다. 허블이 활동하던 100년 전까지만 해도 천문학은 물리학과 동등한 대우를 받지 못했고, 원래 노벨상은 아주 긴 기다림과 철저한 검증이 끝난 뒤에야 받을 수 있는 상이었기 때문이다. 그동안 노벨상이 얼마나 까다로운 잣대를 들이밀었는지, 그래서 얼마나 많은 과학자들이 위대한 업적에도 불구하고 일찍 세상을 떠난 탓에 노벨상에 이름을 올리지 못했는지 생각해 보면, 2011년 우주의 가속 팽창과 암흑 에너지를 공식적으로 인정해 준 그 날의 노벨상 수상은 굉장히 이례적이었다고 볼 수 있다.

암흑 에너지는 오늘날 관측되는 우주의 모습을 가장 잘 설명할 수 있는 이론적 모델이다. 하지만 여전히 우리는 암흑 에너지가 정확히 무엇인지, 심지어 정말 존재하는지조차 아직 확신하지 못한다. 최근 들어 그런 의심은 더 깊어지고 있다. 일부 극단적인 천문학자들은 2011년의 노벨 물리학상을 언젠가 회수해야 하는 일이 벌어질지도 모른다는 짓궂은 농담을 던지기도 한다.

결국 지금의 암흑 에너지나, 고대 천문학의 주전원이나 본질적으로 큰 차이는 없다. 둘 다 당대의 하늘을 설명하기 위한 적절한 가설 중 하나일 뿐이기 때문이다. 어떤 가설이 매력적으로 보인다고 해서 그 가설의 정당성이 입증되지는 않는다. 단지 우리가 지금껏 본 우주의 제한된 모습이 아직까지는 나름 그 이론에 잘 들어맞는 것처럼 보일 뿐이다.

만약 과거의 천문학자들이 현재로 온다면

우주의 중심에 지구가 있는지, 태양이 있는지를 고민했던 고대 천문학자들의 이야기를 듣다 보면, 참 별것도 아닌 단순한 문제로 고민했던 한심한 사람들처럼 느껴질지도 모른다. 하지만 그건 오해다. 지금에 와서 생각하면 과거의 천문학자들이 상상했던 이론과 우주론은 조악해 보인다. 하지만 그건 그들이 우리보다 덜 똑똑했기 때문이 아니다. 그들이 살던 시대에 확보할 수 있었던 관측 데이터의 양과 퀄리티가 지금과는 달랐기 때문일 뿐이다. 그들은 그들 나름대로, 자신들이 바라보고 있던 우주의 모습을 최대한 그럴싸하게 설명했다. 새로운 관측 도구가 만들어지고, 이전에 볼 수 없었던 더 먼 우주를 자세히 보기 전까지 그들의 우주는 별다른 문제를 일으키지 않았다.

만약 고대의 천문학자가 타임머신을 타고 현대에 와서 지금의 관측 데이터를 바탕으로 우주의 모습을 고민한다면, 단언컨대 우리처럼 빅뱅으로 시작해 빠르게 팽창하는 우주 모델을 떠올릴 수밖에 없으리라고 생각한다. 반대로 오늘날의 위대한 천문학자가 타임머신을 타고 먼 옛날로 돌아간다면, 그들도 그곳에서는 지구 중심 우주 모델을 믿게 될 것이다. 우리는 과거의 과학을 평가할 때 지금의 잣대를 들이밀어서는 안된다. 당면한 시대에 어떤 수준의 관측 데이터가 주어졌는지를 고려해야만 공정한 평가를 내릴 수 있다.

시대에 따라 우리는
전혀 다른 우주를 살아간다

과거의 과학자들이 우스꽝스러운 이론을 상상했던 건 그들이 멍청했기 때문이 아니다. 단지 그들에게는 우주가 정말 그렇게 보였을 뿐이다. 오늘날 우리가 굳게 믿고 있는 빅뱅 우주론의 큰 틀도 언젠가 전혀 다른 패러다임으로 대체될지도 모른다. 먼 미래, 예컨대 30세기쯤 되었을 때 우리의 먼 후손들은 한때 빅뱅 우주론에 고집을 부리면서 암흑 에너지라는 엉성한 보정 장치를 추가했던 우리의 모습을 보며 비웃을지도 모른다. 그리고 그들은 지금의 우리가 감히 상상조차 할 수 없는 전혀 다른 방식으로 우주의 탄생과 진화를 이야기하며, 전혀 다른 우주를 살아가고 있을지도 모른다.

우리 머리 위에 펼쳐진 밤하늘은 한 번도 변한 적이 없다. 천년 전에도, 오늘날에도, 그리고 수천 년 후의 미래에도 우리 머리 위에는 항상 똑같은 밤하늘이 펼쳐져 있을 것이다. 하지만 우리는 그 똑같은 하늘 아래 매번 전혀 다른 우주를 인식하고 상상하며 살아간다. 분명 같은 우주를 바라보지만, 시대에 따라 우리는 전혀 다른 우주를 살아가는 셈이다. 결국 우리는 보이는대로 세상을 보는 대신, 우리가 이해하고 상상한 모습을 투영한 왜곡된 세상을 실제 우주인 양 착각하고 있는지도 모른다.

먼 옛날 하늘에서 주전원을 상상했던 사람들처럼, 우리는 암흑 에너지로 가득한 우주를 상상하고 있다. 하지만 언젠가 암흑 에너지라는 보정 장치가 필요하지 않은, 더 깔끔한 우주 모델이 등장하고 오컴의 면도날 논법에서 승리하게 된다면, 그때 인류는 다시 똑같은 우주를 보면서 다른 우주를 상상할 것이다. 우리가 얼마나 많이, 제대로 보고 있는지가 우리의 패러다임을 지배할 뿐 아니라 반대로 우리의 패러다임이 우리가 우주를 어떻게 바라볼지를 제한하는 셈이다. 결국 우주는 보이는 만큼 알 수 있는 세계일 뿐 아니라, 아는 만큼 보이는 세계가 된다. 미래의 인류가 우주를 어떻게 바라보게 될지, 지금으로서는 알 수 없을 따름이다.

3장

수 광년의 어둠을 뚫고
날아 온 메시지

별로 가득 찬 밤하늘은

왜 깜깜한 걸까?

해가 저물고 밤하늘에 검은빛이 스며들기 시작하면, 우리는 '하늘에 어둠이 깔린다'라고 이야기한다. 하지만 엄밀히 말하면 이 표현은 잘못되었다. 낮 동안 사라졌던 어둠이 밤이 되어서야 다시 찾아오는 게 아니기 때문이다. 어둠은 원래 항상 우리를 감싸고 있다.

지구의 하늘을 벗어나면, 사방의 우주는 항상 깜깜하게 보인다. 단지 낮 동안 지구 하늘에 산란된 푸른 태양 빛이 하늘을 덮어버려서, 그 배경에 깔린 어둠이 잠시 감춰져 있을 뿐이다. 소복이 쌓인 눈 아래에 흙으로 덮인 땅이 존재하듯, 어둠은 항상 우리 곁에 있다. 우주에는 단지 빛의 많고 적음만 존재할 뿐, 어둠은 사라진 적이 없다.

> "밤은 세상을 감추지만, 우주를 드러낸다."
>
> _페르시아 속담

그런 의미에서, 나는 페르시아에서 전해 내려온다는 이 속담이 매우 마음에 든다. 밤은 어둠을 몰고 오지 않는다. 밤은 낮 동안 밝은 빛 아래 파묻혀 있던 어둠을 다시 들춰 낼 뿐이다. 이 속담은 그러한 우주의 진리를 명확하게 드러낸다.

우주가 깜깜하고 어둡다는 건 너무나 당연한 사실로 느껴진다. 위에 있던 물체가 아래로 떨어지고, 물체를 오른쪽으로 밀면 오른쪽으로 움직이는 사소한 일들처럼 말이다. 우주가 왜 깜깜한지 굳이 고민할 이유를 느끼지 못하는 것도 당연하다. 하지만 이 당연해 보이는 풍경에 의문을 던진 이가 있었다. 그는 19세기 독일의 천문학자, 하인리히 올베르스Heinrich Olbers였다.

그는 우주가 왜 어둡게 보이는지를 고민했다. 얼핏 보면 참으로 쓸데없는 고민처럼 보이지만 그렇지 않다. 놀랍게도 올베르스가 던진 이 작은 질문에 인류가 완벽한 해답을 찾아내기까지는 100년이 넘는 긴 시간이 걸렸다. 그리고 오늘날의 빅뱅 우주론이 탄생하고 나서야 우리는 가장 그럴듯한 설명을 할 수 있게 되었다. 우주가 왜 어둡게 보이는지, 왜 그럴 수밖에 없는지에 대해서 말이다.

우주는 왜 중력으로 붕괴하지 않는 걸까?

일찍이 뉴턴은 중력이 어떻게 작동하는지를 알아냈다. 질량이 있는 모든 물체는 서로 끌어당기는 힘을 주고받는다. 그리고 중력은 거리가 멀어질수록 약해진다. 거리의 제곱에 반비례해서 중력의 세기가 약해지기 때문에, 아주 먼 거리에 떨어진 두 물체가 주고받는 중력은 굉장히 미미하다. 그런데 뉴턴은 자신이 발견한 중력의 법칙을 우주 전체에 적용했을 때, 예상치 못한 모순이 벌어진다는 사실을 깨달았다.

우주에는 수많은 별과 은하가 있다. 물론 뉴턴이 활동하던 당시에는 우리은하 너머에 수많은 은하가 숨어 있다는 사실을 알지 못했지만, 우리은하를 구성하고 있는 별만 고려하더라도 치명적인 모순이 발생한다. 모든 별은 질량을 갖고 있고, 따라서 모두 중력을 행사한다. 지금 당장은 별과 별 사이 거리가 너무 멀어서 중력의 세기가 매우 미미하겠지만, 어쨌든 분명 중력이 작용한다. 중력에 따르면 시간이 지날수록 별과 별 사이의 거리는 점차 가까워지고 주고받는 중력 역시 점차 강해져야 한다. 그렇게 우주의 모든 별들이 계속해서 서로를 향해 다가가다 보면 그 속도가 점차 빨라지면서 결국 우주가 통째로 붕괴하는 결말을 맞게 된다.

그런데 분명 뉴턴의 머리 위에 펼쳐진 우주는 이런 낌새를 보이지 않았다. 우주는 하염없이 평화로워 보였다. 그 어떤 별도 우리를 향해 빠르게 돌진하는 모습을 보이지 않았다. 우주는 아주 오래전부터 줄곧 지금의 모습을 유지한 것처럼 보였다. 분명 중력이 작동하고 있을 텐데, 대체 어떻게 우주는 평화를 유지하고 있는 걸까?

뉴턴은 이 문제를 고민한 끝에, 아주 그럴듯하고 당연해 보이는 가정을 하게 되었다. 우주가 실제로 무한하다는 가정이다. 그는 우주가 끝없이 펼쳐진 공간이라고 생각했다. 그리고 우주 공간에 별들이 고르게, 일정한 밀도로 분포한다고 가정했다. 그러면 문제는 쉽게 해결된다.

우주의 크기가 유한하다고 생각해 보자. 그리고 이러한 우주의 한쪽 가장자리에 놓인 별을 생각해 보자. 이 별의 입장에서, 나머지 모든 별은 우주 안쪽에만 존재한다. 자기 바깥쪽에는 아무런 별이 없다. 따라서 이 별을 잡아당기는 다른 별들의 중력을 모두 합하면, 중력의 방향은 결국 유한한 우주의 중심을 향하게 된다. 그렇다면 이 별은 그 중력에 이끌려 우주 중심을 향해 떨어지고 말 것이다.

하지만 우주가 무한하고, 그 안에 무수히 많은 별들이 고른 밀도로 채워져 있다면 상황은 달라진다. 이번에는 무한한 우주에서 임의로 아무 별이나 고른다고 생각해 보자. 그 별의 오른쪽, 왼쪽, 위, 아래 모든 방향에는 무수히 많은 별이 있다. 그리고 사방에 놓인 무수히 많은 별들이 잡아당기는 중력을 느낀다. 이 우주에서는 모든 별들이 같은 세기의 중력으로 사방에서 서로를 잡아당기고 있기 때문에, 별들 사이의 중력은 완벽히 상쇄된다. 따라서 이 별은 특정한 방향으로 끌려가지 않고 계속해서 자신의 자리를 지키며 아름답게 빛날 수 있다. 이 논리는 무한한 우주에서 어떤 별을 기준으로 삼더라도 똑같이 적용된다.

이렇게 뉴턴은 우주 공간이 실제로 무한하다고 가정하고, 그 안에 무수히 많은 별을 채워 넣으면서 자신이 발견한 중력 법칙이 작동하면서도 붕괴하지 않는 우주를 만들어 냈다.

무한한 빛 속에서 태어난
어둠의 역설

그렇다면 모든 문제가 해결된 것일까? 그렇지 않았다. 뉴턴의 가정은 당장 우주의 붕괴를 막을 수는 있었지만, 더욱 해결하기 곤란한 두 번째 모순을 만들었다. 무한한 우주 공간에 무수히 많은 별이 채워져 있다면 우리는 지금처럼 깜깜한 우주를 볼 수 없다. 별로 가득 찬 우주는 별들이 쏟아내는 빛으로 가득 차 있을 것이기 때문이다.

나무가 울창한, 무한히 넓은 숲 한가운데 서서 주변을 둘러보는 상황을 상상해 보자. 비교적 가까운 거리에 놓인 나무는 더 두껍게 보이는 대신 나무의 수는 적다. 반대로 멀리 떨어진 나무는 가늘게 보이는 대신 나무의 수는 더 많다. 그 속에서 우리는 어느 방향으로 시선을 돌리더라도 절대 나무 기둥 사이를 비집고 숲 너머의 텅 빈 세상을 볼 수 없다. 시선의 끝을 쭉 따라가면, 멀든 가깝든 반드시 어떤 나무 기둥 표면에 가로막힐 수밖에 없다.

우주도 똑같다. 우주 공간이 무한하고, 그 안이 무수히 많은 별로 가득 차 있다면 우리가 지구에서 어느 방향을 바라보더라도 결국 우리 시선의 끝은 가깝든 멀든 어떤 별 표면에 가로막힐 수밖에 없다. 그렇게 우리는 우주를 가득 채우고 있는 별빛으로 덮인 밤하늘을 봐야 할 것이다.

그런데 분명 우리 머리 위에는 칠흑같이 깜깜한 우주가 펼쳐져 있다. 올베르스가 던진 이 질문을 따라가다 보면 매일 익숙하게 봐 왔던 깜깜한 밤하늘이 어색하게 느껴지기 시작한다. 마치 누군가 우리를 거짓으로 만든 세상에 가둬 놓기라도 한 게 아닐까 하는 의심이 들 정도다. 우리 머리 위에 분명 존재하는, 깜깜한 우주라는 이 현실을 어떻게 설명해야 할까? 단순해 보이지만 결코 단순하지 않은, 천문학자들을 오랫동안 골치 아프게 만들었던 이 질문을 올베르스의 패러독스Olbers' Paradox라고 한다.

별빛은
우주의

과거를
들려준다

올베르스의 패러독스가 발생하는 중요한 이유 가운데 하나는 과거 인류가 그린 우주의 타임라인에서 찾을 수 있다. 과거 인류에게 우주는 하염없이 먼 과거부터 줄곧 지금의 모습으로 쭉 존재했던 세상이었다. 우주에 별다른 시점이랄 게 없었다. 당시 인류가 생각했던 우주의 역사를 선으로 표현한다면 끝이 안 보이는 수평선과 같다. 과거부터 미래까지, 시작과 끝이 없이 무한대로 뻗어 나가는 모습이다. 즉, 과거의 인류에게 우주는 무한한 과거를 살아 온 세상이었다. 바로 여기에서 올베르스의 패러독스가 작동하기 시작한다.

사실 우리가 보는 별빛은 아주 먼 과거의 모습이다. 날씨가 좋

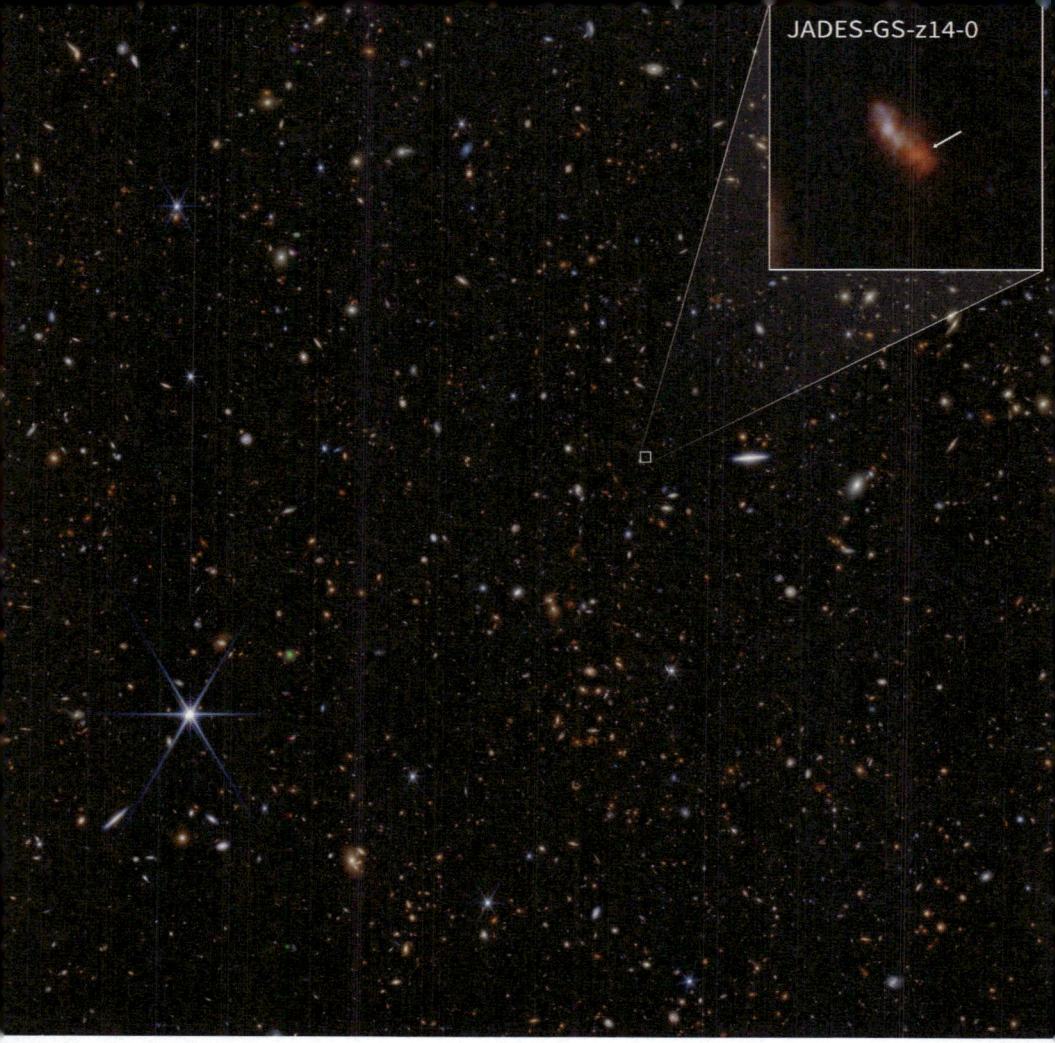

제임스 웹 우주 망원경으로 발견한 가장 먼 은하 중 하나인 JADES-GS-z14-0의 모습. 이 은하는 지금으로부터 약 135억 년 전의 모습을 간직하고 있다. 우주의 나이가 겨우 3억 살, 즉 현재 우주 나이의 2%밖에 되지 않았을 때의 모습이다.

을 때 밤하늘에 보이는 별빛도 심지어 대낮에 보는 태양 빛도 모두 과거의 모습이다. 멀리 떨어진 천체에서 출발한 빛이 빛의 속도로 지구까지 날아오는 데는 시간이 걸리기 때문이다. 우주가 워낙 거대하다 보니 그 빠른 빛조차 우리에게 날아오기까지 꽤 긴 시간이 필요하다. 예를 들어, 지구에서 태양까지는 빛의 속도로 약 8분이면 도달할 수 있는 거리다. 따라서 우리가 매 순간 보는 태양의 모습은 지금으로부터 8분 전 태양의 모습이다. 우리는 매 순간 태양이 내뿜은 과거의 햇살을 만끽하는 중이다.

태양계 너머 먼 별까지 나아가면 이 효과는 더욱 극적으로 변한다. 1광년은 빛의 속도로 1년을 가야 다다를 수 있는 거리를 뜻한다. 100광년 거리에 놓인 별을 본다면 우리는 100년 전의 빛을 보게 된다는 뜻이다. 1억 광년 거리에 놓인 은하의 빛을 본다면 우리는 무려 1억 년 전의 빛을 지금의 지구에서 보게 되는 셈이다. 만약 1억 광년 거리에 떨어진 은하에 사는 외계인이 망원경으로 몰래 지구를 훔쳐보고 있다면, 그들의 망원경 속에 비친 지구 위에는 공룡이 뛰놀고 있을 것이다.

이처럼 우리가 보는 빛은 먼 곳에서 온 것일수록 과거의 빛이다. 이것을 천문학에서는 시간을 되돌아본다는 뜻에서 룩백 타임 Lookback time 효과라고 부른다. 그런데 만약 과거 인류의 상상처럼 우주가 무한한 세월을 살아 왔고, 우주 공간이 끝없이 펼쳐져 있으며, 그 안에 무수히 많은 별로 가득 차 있다면 우리는 우주 공간에 존재하는 모든 별빛을 지구에서 볼 수 있어야 한다. 무한히 멀리 떨어진 곳에 별이 있어도, 우주의 과거 역시 무한하기에 모든 별빛이 이미 지구에 닿아 있을 수밖에 없기 때문이다. 그 빛을 모두 모은다면 우주는 지금 우리가 보는 밤하늘처럼 깜깜할 수 없다.

우리가 볼 수 있는
우주는 어디까지인가

이러한 올베르스의 패러독스를 해결하는 가장 깔끔한 해답 중 하나는 다름 아닌 빅뱅 우주론이다. 빅뱅 우주론이 우리에게 들려주는 가장 중요한 교훈은 바로 우주의 과거를 유한하게 규정했다는 점이다. 빅뱅 우주론은 등장과 동시에 끝없이 뻗어 나가던 우주의 과거 타임라인을 댕강 잘라 버렸다. 그리고 물론 먼 과거이기는 하지만, 어쨌든 우주의 역사에 시작점이 있었다고 이야기한다.

현재 빅뱅 우주론에 따르면 우주는 138억 년 전에 탄생했다. 그래서 138억 년보다 더 먼 과거의 빛을 보는 건 애초에 불가능하다. 그 이전에는 우주가 아예 존재한 적이 없었으니 말이다. 우주가 살아온 세월보다 더 이전의 빛을 보겠다는 건, 마치 10살짜리 아이에게 20년 전에 어디에서 무엇을 하고 있었냐고 묻는 것만큼이나 당황스럽고 바보 같은 질문이다. 우리가 볼 수 있는 가장 먼 과거의 빛은 138억 년 전에 온 빛이며, 우리가 룩백 타임 효과를 통해 '추억할' 수 있는 우주의 가장 먼 과거도 138억 년 전까지라는 이야기다. 이것은 우리가 빛을 통해 인식할 수 있는 우주의 범위를 제한시킨다.

우주라는 공간 자체는 어쩌면 뉴턴이 상상했던 것처럼 무한할지 모른다. 하지만 적어도 그 안에서 우리가 빛을 통해 바라볼 수 있는 우주의 범위는 유한하다. 관측 가능한 우주 Observable Universe 가 유한하다는 뜻이다.

이로써, 올베르스의 패러독스에 대한 첫 번째 실마리를 얻을 수 있다. 우리가 받아들일 수 있는 우주의 빛에는 한계가 있으며, 우리를 비추는 별빛도 무한할 수 없다. 관측 가능한 우주라는 울타리가 그려지면 그 아래 숨어 있던 우주의 어둠이 조금씩 드러나기 시작한다. 천문학은 보이는 세계, 그리고 볼 수 있는 세계에 관해서만 이야기한다. 볼 수 없는 세계에 대해서는 훌륭한 이야기를 들려줄 수 없다. 천문학은 이 관측 가능한 우주에 대해서만 통한다.

우주가 태어나던 순간은
어떤 모습이었을까?

하지만 이것은 올베르스의 패러독스에 완벽한 해답이 되지 못한다. 왜냐하면, 에드윈 허블이 발견했듯 우주는 팽창하기 때문이다. 이 사실을 고려해야 비로소 밤하늘이 깜깜할 수밖에 없는 이유를 모두 설명할 수 있다. 머나먼 별과 은하에서 출발한 빛이 우리를 향해 날아오는 동안에도 우주의 팽창은 계속된다. 그리고 우주의 시공간은 빛이 전달되는 무대다. 그런데 그 무대 자체가 늘어나면, 그 무대를 타고 날아오는 빛의 파장에도 변화가 생긴다.

별과 은하를 떠나던 순간의 빛은 지극히 평범했을 것이다. 일반적인 별이 방출하는 가시광선, 또는 조금 더 파장이 짧은 자외선 정도의 빛이었을 것이다. 그런데 138억 년에 달하는 긴 세월 동안 우주 공간은 팽창했고, 그로 인해 빛의 파장도 함께 늘어져 버렸다. 멀리서 출발한 빛은 지구에 닿을 때쯤 처음보다 훨씬 파장이 긴 적외선 수준으로 변한다. 그리고 적외선은 파장이 너무 길기에 인간의 눈으로 볼 수 없다. 그렇게 먼 우주에서 날아온 과거의 빛은 우주 팽창으로 인해 가시광선 경계 너머의 파장으로 숨어 버린다. 우주 시공간의 팽창으로 인해 빛의 파장이 함께 늘어나는 이러한 효과를 우주론적 적색편이Cosmological redshift라고 한다.

이 효과를 활용하면, 관측된 빛의 파장만으로도 그 빛을 내보

수천 개의 은하가 한데 모여 있는 거대한 은하단, MACS J142을 제임스 웹 우주 망원경으로 관측한 사진. 특히 사이사이 붉게 보이는 은하들은 아주 먼 거리에 놓인 은하들이다. 극단적인 적색편이로 인해 은하들의 빛이 파장이 긴 적외선 영역에 치우쳐 있기 때문에 붉은 빛으로 보인다.

낸 천체가 얼마나 멀리 떨어져 있는지를 알 수 있다. 가시광선보다 긴 파장의 빛이 관측된다면 그 원천은 우리에게서 훨씬 먼 거리에 놓여 있을 것이다. 반대로 파장이 많이 늘어나지 않은 빛이 관측된다면 그 원천은 우주 팽창 효과를 아직 별로 경험하지 않은, 훨씬 가까운 거리에 놓여 있을 것이다.

    2022년, 크리스마스에 우주로 올라간 제임스 웹 우주 망원경은 가시광선이 아닌 적외선으로 우주를 관측한다. 제임스 웹의 가장 중요한 목표 중 하나가 빅뱅 직후 10억 년도 채 지나지 않은 시점의 아주 어린 초기 우주의 모습을 바라보는 것이기 때문이다. 제임스 웹은 지금으로부터 거의 120억 년 전에 해당하는 먼 과거의 우주를 들여다본다. 아주 극단적인 룩백 타임 효과를 노리는 것이다. 이 정도로 먼 과거에 날아온 빛이라면, 그만큼 그 빛이 우리에게 날아오기까지 경험한 우주론적 적색편이의 효과도 매우 극단적일 것이다. 그 말은 이 별들의 빛이 지금쯤 아주 긴 파장으로 늘어진 적외선 영역에서 관측될 것이라는 뜻이다. 제임스 웹이 애초부터 적외선 영역에서만 관측하는 이유는 바로 이 때문이다.

눈으로
보이는

세계
그 너머

여기서 하나의 질문이 떠오른다. 눈에 보이지도 않는 빛의 존재를 대체 어떻게 알게 된 걸까? 17세기 이후로 빛은 물리학자들에게 새로운 장난감이 되었다. 원래 빛은 병에 담을 수도, 손에 쥘 수도 없는 유령 같은 존재였다. 그런데 17세기가 지나면서 빛을 모으거나 분산시키는 프리즘, 렌즈, 거울과 같은 다양한 도구를 사용하게 되었다. 그리고 빛을 마음대로 조절하면서 물리적인 실험을 할 수 있게 되었다. 빛의 성질을 보다 과학적으로 연구하는 광학光學이라는 새로운 분야가 열린 것이다.

광학을 선도했던 대표적인 물리학자 가운데 한 사람이 바로 뉴턴이다. 흔히 뉴턴 하면 어릴 적 사과를 얻어맞고 중력이라는 힘을 깨우쳤다는 다소 과장된 영웅담을 떠올릴 테지만, 뉴턴의 업적은 단순히 중력 연구에만 머물지 않았다. 광학을 비롯해 아주 광범위한 분야에서 뉴턴은 위대한 족적을 남겼다.

프리즘을 활용해 빛을 분산시키는 실험은 특히 많은 물리학자를 매료시켰다. 이 실험은 시각적으로도 아름답다. 하얀 태양빛을 프리즘에 통과시키면 빨간색에서 보라색까지 알록달록한 무지갯빛 스펙트럼이 만들어진다. 빛은 파장에 따라 색이 다르다. 빛의 파장이 짧다는 건, 그만큼 빛이 촘촘하게 진동한다는 뜻이다. 그래서 짧은 파장의 빛은 에너지가 크고, 푸른빛을 띤다. 반대로 빛의 파장이 길다는 건, 그만큼 빛이 느슨하게 진동한다는 뜻이다. 그래서 긴 파장의 빛은 에너지가 작고, 붉은빛을 띤다.

빛은 공기와 물처럼 서로 다른 매질을 통과할 때 속도가 달라진다. 이러한 빛의 속도 변화는 매질을 통과하는 동안 빛의 경로가 휘어지는 굴절을 일으킨다. 그리고 빛의 파장에 따라 굴절되는 정도에도 차이가 생긴다. 파장이 짧을수록 빛은 더 많이 굴절된다. 다양한 파장의 빛이 뒤섞여 있는 상태인 백색광이 프리즘을 통과하면, 그 안에 포함되어 있던 빛이 파장에 따라 조금씩 다른 정도로 굴절된다. 그러면서 짧은 파장부터 긴 파장까지, 조금씩 다른 색깔로 빛이 분산된 스펙트럼이 만들어지는 것이다.

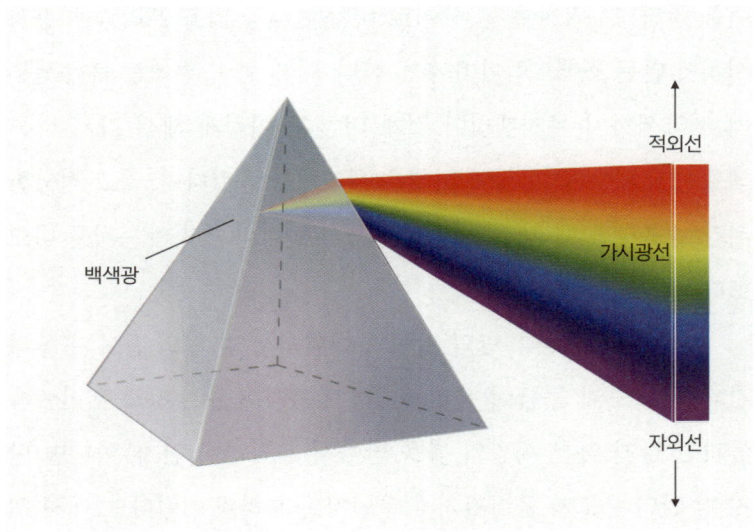

프리즘을 통과한 빛의 스펙트럼 구조. 백색광이 프리즘을 통과하면, 빛의 파장, 즉 색깔에 따라 서로 다른 굴절률 때문에 다양한 스펙트럼으로 분산된다.

빛의 그림자 속에 숨은
또 다른 세계

영국의 천문학자 윌리엄 허셜William Herschel은 이 스펙트럼에 큰 흥미를 느꼈다. 그는 프리즘을 거쳐 그려지는 무지갯빛의 붉은색과 보라색 중 어떤 빛이 더 따스한지 궁금했다. 빛의 색깔, 즉 파장에 따라 열을 전달하는 효율이 다를 수 있다고 생각한 것이다.

허셜은 흥미로운 실험을 설계했다. 우선 테이블 위에 하얀 종이를 깐다. 그 위에 창문 사이로 비치는 태양 빛을 프리즘에 통과시켜서 만든 스펙트럼이 비추게 한다. 이제 종이 위에는 붉은색부터 보라색까지 무지갯빛이 길게 비친다. 이렇게 해서 각기 다른 색깔이 비치는 종이 위에 허셜은 온도계를 올렸다. 그리고 적당한 시간이 흘렀을 때 각 온도계의 눈금이 얼마나 올라가는지를 비교했다.

허셜은 꼼꼼했다. 만약 날씨가 더워져서 방 안의 온도가 올라간다면, 온도계 눈금이 올라가더라도 그것이 순수하게 프리즘을 통과한 각기 다른 색깔의 빛을 받아서 올라간 것인지, 아니면 단지 방 안의 온도가 올라갔기 때문인지 구분하기 어렵다. 그래서 허셜은 비교를 위해 아무런 빛도 비치지 않는(것처럼 보이는) 스펙트럼 옆의 빈 공간에도 온도계를 하나 두었다. 당연히 이 부분에는 스펙트럼을 통과한 그 어떤 빛도 비치지 않았기 때문에, 허셜은 올려둔 온도계의 눈금이 크게 변하지 않을 것이라고 생각했다.

그런데 전혀 예상치 못한 일이 벌어졌다. 아무런 변화도 없을 거라 생각했던 마지막 온도계의 눈금도 빠르게 올라간 것이다. 당시 허셜이 두었던 이 온도계는 종이에 비친 무지갯빛 스펙트럼 중에서 붉은색 빛 옆에 놓여 있었다. 눈으로 봤을 때 프리즘을 통과한 태양 빛이 만든 스펙트럼은 붉은색에서 끝나는 것처럼 보였다. 그 옆에 아무런 색도 남지 않은 부분에는 빛이 비치지 않는 게 당연해 보였지만, 그게 아니었다. 온도계의 눈금이 변하고 있다는 사실은 분명 눈에 보이지 않는, 또 다른 빛이 온도계를 비추고 있다는 뜻이었다.

허셜은 어쩌면 눈으로 볼 수 있는 붉은색보다 더 파장이 길어서, 눈으로 볼 수 없을 정도로 붉은 또 다른 빛이 숨어 있을지 모른다고 생각했다. 이렇게 허셜은 가시광선 영역에서 가장 붉은 빛보다 더 붉은, 적외선이라는 새로운 종류의 빛을 처음으로 발견했다.

**우주는 보이지 않는
빛으로 가득하다**

흔히 빛이라고 하면 램프에서 새어 나오는 '눈으로 볼 수 있는 빛'만 떠올린다. 하지만 빛은 더 포괄적인 개념이다. 물리학적으로 빛을 정의할 때는 우리가 눈으로 볼 수 있는지를 따지지 않는다. 허셜의 발견처럼, 눈으로 볼 수 없을 정도로 파장이 짧거나 길더라도 우주 공간을 가로질러 에너지를 전달하기만 한다면 모두 빛에 해당한다.

적외선과 자외선, 엑스선에서 감마선에 이르기까지 우주에는 아주 다양한 파장의 빛이 존재하지만 아쉽게도 우리의 눈은 이 다양한 빛들 중에서 가시광선이라는 매우 좁은 파장 범위에 들어오는 제한된 빛만 볼 수 있다. 애초에 가시광선可視光線이라는 말은

'우리가 눈으로 볼 수 있는 빛'이라는 뜻이다. 가시광선의 파장 범위는 대략 350nm에서 750nm 정도인데, 이는 우리 머리카락의 평균 두께에 비해 100배나 더 작은 스케일이다. 우주에 존재하는 다양한 파장의 빛을 생각하면, 우리가 볼 수 있는 가시광선의 범위는 매우 좁다고 할 수 있다.

우리가 이런 비좁은 시야를 갖게 된 데는 태양 그리고 지구의 하늘에 큰 잘못이 있다. 일단 태양의 표면 온도는 대략 6,000°C쯤이다. 이 정도로 달궈진 태양은 대부분의 빛을 가시광선 영역 가운데 녹색 파장 영역에서 방출하며, 그보다 살짝 파장이 짧거나 긴 푸른빛, 그리고 붉은빛도 함께 내보낸다. 그래서 태양은 우리 눈에 이 다양한 빛이 모두 뒤섞인 색으로 보이게 되고, 그 때문에 우리는 태양 빛이 살짝 노란 기운이 감도는 하얀색이라고 생각하는 것이다.

한편 지구의 대기권은 아무런 빛이나 지상에 내리쬘 수 있도록 허락해 주지 않는다. 아주 제한된 파장 범위에 들어오는 극히 일부의 빛만 무사히 지상에 도달할 수 있다. 에너지가 높은 감마선과 엑스선은 그 빛의 파장이 원자 하나 크기에 맞먹을 정도로 매우 짧다. 그래서 이런 빛은 지구 대기권에 있는 산소나 질소 같은 원자와 부딪히면서 흡수되고 지상에 닿기도 전에 대부분 사라진다. 가시광선보다 조금 더 파장이 짧은 자외선은 주로 고도 20km에서 30km 사이에 있는 오존층을 뚫지 못하고 대부분 흡수

된다. 가시광선보다 조금 더 파장이 긴 적외선은 대기 중 이산화탄소와 수증기에 의해 일부 흡수된다. 한편 파장이 미터 단위로 아주 긴 전파는 별다른 방해 없이 지상까지 도달한다.

지구의 대기권은 파장이 아주 긴 전파 그리고 가시광선 범위에 해당하는 빛을 제외하고는 거의 모든 빛을 흡수하거나 차단해 버린다. 그래서 지상에 발 딛고 살아가는 우리에게 내리쬐는 빛은 사실상 가시광선밖에 없다. 이러한 효과를 일컬어, 마치 얇게 열린 창문 틈 사이로 빛의 일부만 새어 들어오는 것과 비슷하다는 뜻에서 대기의 창Atmospheric Window이라고 부른다.

우리는 가시광선이라는 특정한 파장 범위의 빛만 내리쬐는 세상에서 진화했다. 이런 특수한 조명 아래 살아남기 위해서는 가시광선에 민감한 시신경을 갖는 편이 유리했을 것이다. 주로 가시광선 영역에 해당하는 빛을 발산하는 태양 아래, 게다가 나머지 빛은 깔끔하게 가려 버리는 지구의 대기권 아래에서 진화한 우리는 지금처럼 가시광선만 볼 줄 아는 존재가 되었다. 사람뿐 아니라 대부분의 지상 동물들은, 동굴이나 깊은 바닷속에서 사는 동물을 제외하고는 우리와 비슷하게 가시광선에 해당하는 빛만을 시각 정보로 활용한다.

결국 우주 전역에서 다양한 파장의 빛이 함께 뒤섞여 내리쬐고 있더라도 우리는 그 사실을 눈치챌 수 없는 존재이다. 머리 위에서 강렬한 엑스선을 토해 내는 블랙홀이 빛나고 있어도, 강렬한 자외선을 내뿜는 초신성이 폭발하고 있어도 우리에게는 아무것도 보이지 않는다. 이처럼 가시광선이라는 제한된 파장 범위의 빛만 인식할 수 있는 우리의 눈동자는 우주를 더욱 어두운 세상으로 인식하게 만들었다. 하지만 눈에 보이지 않는 다양한 파장의 빛까지 모두 고려한다면, 사실 우주는 단 한 번도 어두웠던 적이 없다. 우주는 눈에 보이지 않는 빛으로 가득 채워진 채, 눈부시게 빛나고 있었으니 말이다.

밤하늘의 별빛이
반짝이는 이유

지상에 내리쬐는 조명이 가시광선뿐이라는 현실은 천문학자들에게 매우 안타까운 일이다. 천문학자들이 지상에 아무리 거대한 망원경을 만들어도, 결국 볼 수 있는 빛은 눈에 보이는 빛뿐이라는 뜻이기 때문이다.

그렇다. 우리가 지상 관측으로 볼 수 있는 건 가시광선뿐이다. 하지만 우주에는 가시광선 말고도 다양한 빛이 존재한다. 특히, 빛의 정체는 곧 그 빛이 만들어진 메커니즘에 따라 달라진다. 감마선과 엑스선은 별과 가스 구름이 수만 도에 달하는 아주 높은 온도로 달궈질 때 새어 나온다. 보통은 그 주변에 게걸스럽게 주변 물질을 집어삼키는 거대한 블랙홀이 있거나, 초신성이 폭발할 때다. 적외선은 훨씬 미지근한 온도로 달궈진 가스 먼지 구름에서 만들어지는데, 보통 어린 별이 새롭게 반죽되는 별의 산실에서 새어 나온다. 이처럼 각기 다른 빛을 뒤쫓다 보면 우주에 공존하는 다양한 풍경을 한꺼번에 바라볼 수 있다. 그래서 천문학자들은 가시광선 너머 다양한 파장의 빛으로 우주를 보기를 원했다. 하지만 지상에서 그런 꿈은 허락되지 않는 것처럼 보였다.

1946년 천문학자 라이먼 스피처Lyman Spitzer는 이 한계를 극복할 수 있는 새로운 아이디어를 제안했다. 우리가 지구의 하늘 아래에서 우주를 바라보는 한, 가시광선 너머의 빛은 볼 수 없다. 그렇다면 해답은 단 하나뿐이다. 우리가 직접 하늘 너머로 나가는 것이다. 스피처는 지상의 망원경을 뜯어 올려서 지구 대기권 바깥, 우주 궤도에 올리는 아이디어를 제안했다. 1946년 그는 〈지구 바깥 천문대의 천문학적 이득〉이라는 보고서를 통해, 오늘날 우리가 우주 망원경이라고 부르는 놀라운 개념을 처음으로 제안했다.

사실 지구의 대기권은 여러모로 천문학자들을 괴롭게 만든다. 우선 앞서 설명한 대기의 창 효과는 다양한 파장을 볼 수 없게 만든다. 동일한 천체를 다양한 파장으로 관측하는 다중 파장 관측은 꿈꿀 수 없다. 게다가 지구의 대기는 별빛을 계속 흔들리게 만든다. 우주의 별빛은 지상에 있는 망원경과 우리 눈동자에 닿기까지 지구 대기권을 반드시 통과해야 하는데, 그 과정에서 대기는 시

전갈자리 방향으로 약 5500광년 거리에 떨어진 별의 산실, 피스미스24를 제임스 웹 우주 망원경으로 바라본 사진.

시각각 요동치고 흔들린다. 그러다 보면 대기권을 통과하는 별빛의 경로도 미세하게 틀어진다. 지상에 별빛이 닿는 순간 빛이 도달하는 위치가 조금씩 변하게 되는 것이다. 이것은 우리가 별빛을 깨끗한 모습으로 보기 어렵게 만든다. 망원경 카메라에 별빛이 닿는 포인트가 계속 미세하게 흔들리다 보니, 사진 속에 담긴 별빛이 펑퍼짐하게 퍼져 보이는 것이다.

맨눈으로 보는 밤하늘의 별빛이 반짝여 보이는 이유도 바로 이 때문이다. 사실 별빛은 원래 흔들리지 않는다. 만약 우리가 대기권이 없는 달에서 별을 본다면 별은 완벽하게, 아무런 흔들림 없는 작은 점의 모습으로 보일 것이다. 별빛이 반짝여 보이는 이유는 순전히 지구 대기권 탓이다. 윤동주 시인의 말대로 별빛이 바람에 스치우기 때문이다. 천문 관측에서는 이렇게 별빛이 퍼져 보이는 정도를 시상Seeing이라고 한다. 스피처는 우주에 올라가 지구 대기권의 방해 없이 별빛을 직접 바라본다면, 지상 망원경으로는 흉내 낼 수 없는 압도적인 시상을 얻을 수 있다고 생각했다.

망원경, 우주를 향한

거대한 눈동자

단순한 깡통 인공위성도 아니고, 우주에 직접 올라가 관측하는 우주 망원경이라는 아이디어가 1946년에 이미 거론되고 있었다는 사실은 상당히 흥미롭다. 소련에서 인류 첫 번째 인공위성 스푸트니크를 쏘아 올린 해가 1957년이었다. 인류가 아직 인공위성 하나 제대로 쏘아 올리지 못하고 있을 때, 스피처는 이미 지구 주변 궤도를 맴도는 우주 망원경을 상상하고 있었던 셈이다.

오랜 기다림 끝에 1985년, 드디어 미항공우주국 National Aeronautics and Space Administration, NASA은 스피처의 꿈을 이룰 수 있는 역작을 만들었다. 이 우주 망원경에는 앞서 우주의 팽창을 발견하고, 빅뱅 우주론의 틀을 만들었던 위대한 천문학자 에드윈 허

3B 미션 당시 우주 왕복선 컬럼비아에서 내려다본, 지구를 맴도는 허블 우주 망원경.

블의 이름이 붙었다. 그 유명한 '허블 우주 망원경'이다. 원래 이 망원경은 완성되고 바로 우주에 발사될 예정이었다. 하지만 아쉽게도 바로 다음 해인 1986년, 챌린저 우주 왕복선의 끔찍한 참사가 벌어지면서 미항공우주국의 모든 우주 개발은 중단되었다.

스쿨 버스 만한 크기의 허블 우주 망원경은 우주 왕복선의 짐칸에 실려 지구 저궤도에 올라갈 예정이었다. 하지만 곧바로 벌어진 챌린저 폭발 사고로 인해, 미국 여론이 급속도로 악화됐다. 우주 왕복선의 안정성 자체에 대한 여론도 좋지 않았고, 미국 시민들

뿐 아니라 정치권에서도 우주 개발에 회의적인 분위기로 흘러갔다. 결국 허블 우주 망원경은 다 완성된 채로 몇 년 동안 창고에 방치되어야 했다. 모든 사고가 수습되고 나서야 이 망원경은 긴 기다림 끝에 1990년, 무사히 궤도에 올라갈 수 있었다. 드디어 인류가 지상이 아닌 우주 공간에 띄운 망원경을 통해 지구 대기권의 때가 묻지 않은 가장 깨끗한 모습으로 우주를 바라보게 된 것이다.

**허블 우주 망원경이
'렌즈 삽입술'을 받게 된 사연?**

그런데 허블 우주 망원경이 촬영한 첫 번째 사진이 공개되었을 때, 천문학자들은 당황했다. 기대했던 것과 달리 관측 사진의 시상이 너무 나빴기 때문이었다. 차라리 지상 망원경으로 본 것이 훨씬 나을 정도였다. 사건의 내막은 참으로 어이가 없었다. 망원경의 거울을 둥글게 깎는 과정에서 치명적인 실수가 있었고, 아무도 그 실수를 눈치채지 못한 상황에서 그대로 우주에 발사해 버린 것이었다.

허블 우주 망원경의 거울은 0.002mm밖에 되지 않는 아주 미세한 차이로 잘못 연마되어 있었다. 정말 작은 차이였지만 수억 광년 거리에 떨어진 우주의 빛을 바라봐야 하는 망원경에는 매우 큰 결함이었다. 이로 인해 허블 우주 망원경의 거울에 반사된 빛은 올바른 초점에 한데 모이지 못했고, 사진의 초점은 모두 어긋나 버리고 말았다.

모두의 기대를 품고 긴 기다림 끝에 우주에 올라간 최초의 우주 망원경이 그만 꼼꼼하지 못했던 엔지니어들의 작은 실수로 인해 완전히 망해 버릴 위기에 처했다. 하지만 그렇다고 허블 우주 망원경을 그대로 우주 쓰레기로 폐기하자니, 그동안 들인 시간과 돈이 너무 아까웠다. 천문학자들은 결국 이 우주 망원경을 어떻게든 되살리기 위해 노력하는 편을 택했다.

불행 중 다행으로 허블 우주 망원경은 아주 멀리 놓여 있지 않았다. 이 망원경은 지상에서 약 550km 정도 고도에 떠 있었는데, 서울에서 제주도까지의 수직 길이가 대략 450km이다. 이 점을 감안하면, 서울에서 제주도까지의 수직 거리보다 조금만 더 위로 올라가면 허블 우주 망원경이 놓여 있는 고도에 도달할 수 있는 셈이다. 애초에 허블 우주 망원경을 사람이 모는 우주 왕복선으로 옮길 수 있었던 이유도 궤도가 낮기 때문이었다. 그래서 천문학자들은 다시 한번 사람을 보내 뒷수습할 작전을 세웠다.

1993년, 우주인들은 우주 왕복선을 타고 허블 우주 망원경에 도킹했다. 그리고 허블 우주 망원경의 어긋난 초점을 다시 바로잡기 위한 보조 장치를 끼워 넣었다. 시력이 좋지 않은 사람들이 각막 아래 작은 보조 렌즈를 끼워 넣는 렌즈 삽입술을 받듯이, 비슷한 조치를 허블 우주 망원경에 한 셈이다. 그날 우주에서는 역사상 가장 아슬아슬한 렌즈 삽입술이 진행되었다. 그리고 다행히 수술은 성공적으로 끝났다. 덕분에 허블 우주 망원경은 원래 계획했던 수준의 깨끗한 시상을 보여 주었고, 비로소 지상 망원경을 초월하는 뛰어난 능력을 발휘하기 시작했다.

적외선 관측 망원경의
수명이 유독 짧은 이유

허블 우주 망원경 이후, 지금까지 다양한 우주 망원경이 지구 대기권의 방해를 벗어나 다양한 파장에서 우주의 빛을 담고 있다. 적외선을 처음 발견했던 천문학자 허셜의 이름을 딴 허셜 우주 망원경은 이름에 걸맞게 적외선을 관측한다. 이를 통해 우리는 은하수를 채우고 있는 미지근하게 달궈진 먼지 구름을 관측할 수 있게 되었다.

우주 망원경이라는 아이디어를 처음 제안했던 스피처의 이름을 딴 우주 망원경도 있는데, 스피처 우주 망원경 역시 적외선을 관측한다. 그런데 이런 적외선을 관측하는 우주 망원경들은 다른 종류의 빛을 보는 망원경에 비해 유독 제작이 어렵고, 관측할 수 있는 수명도 짧은 편이다. 그 이유는 적외선이 '온도를 가진 모든

허블 우주 망원경으로 관측한 울트라 딥 필드 이미지. 2003년 9월 24일부터 2004년 1월 16일 사이 허블 우주 망원경이 지구 주변을 총 400바퀴 맴도는 동안 촬영한 800장의 사진을 모았다. 빛을 모은 전체 노출 시간은 11.3일에 달한다. 모래알만큼 작은 영역을 관측한 이 사진 한 장에만 1만 개 가까운 은하가 담겼다.

물체'가 방출하는 빛이기 때문이다.

한창 코로나 바이러스가 창궐하던 시기, 건물을 출입할 때마다 체온을 체크하기 위해 통과했던 카메라가 기억나는가? 직접 온도계를 겨드랑이에 꽂지 않아도 체온을 감지할 수 있었던 이유는 우리 몸이 열을 방출하고 있기 때문이다. 우리도 몸의 열기를 적외선으로 방출한다. 밤샘 작업으로 인해 뜨겁게 달궈진 노트북 컴퓨터, 따뜻한 커피가 담긴 컵 등 온도를 머금고 있는 모든 것은 적외선을 방출한다. 만약 우리의 눈이 가시광선뿐 아니라 적외선도 볼 수 있었다면 상당히 재밌는 풍경이 펼쳐졌을 것이다. 평소와 달리 유독 밝게 빛나는 친구가 있다면, 우리는 그 친구가 감기에 걸려 체온이 오른 상태라는 것을 바로 알 수 있었을 테니 말이다.

우주 망원경이 보고 싶은 건 수억 광년 거리에서 날아오는 먼 별과 은하들이 내보내는 적외선이다. 하지만 문제는 바로 옆에 있는 거대한 지구와 태양도 막대한 적외선을 내뿜고 있다는 데 있다. 이들이 내뿜는 적외선으로 인해 정작 보고 싶은 더 먼 우주의 희미한 적외선이 파묻혀 버릴 수 있다. 그래서 적외선 우주 망원경에는 항상 태양과 지구의 빛을 가리기 위한 가림막이 설치된다. 최대한 태양과 지구의 열기를 차단한 채로, 둘에게서 등을 돌리고 먼 우주를 바라본다.

하지만 이것만으로는 부족하다. 결국 우주 망원경도 일종의 컴퓨터이기 때문이다. 컴퓨터를 오래 쓰면 열이 발생하면서 뜨거

허블 우주 망원경으로 관측한 소용돌이 은하 M51의 아름다운 모습.

워지듯, 우주 망원경의 몸체도 뜨겁게 열을 만들어 낼 수 있다. 이렇게 발생하는 자체 열을 잡기 위해서 적외선 우주 망원경에는 액체 헬륨, 액체 산소와 같은 극저온의 냉각제가 들어간다. 때문에 대부분의 적외선 우주 망원경은 연료뿐 아니라 냉각제가 고갈되면 더 이상 사용할 수 없게 되고, 다른 파장의 빛을 보는 우주 망원경에 비해 유독 사용 기한이 짧은 편이다. 물론 가장 최근에 발사된 제임스 웹 우주 망원경도 예외는 아니다.

마침내 내린
올베르스의 패러독스에 대한
완벽한
해답

지구 대기권 때문에 다채로운 빛깔을 보지 못한 채 지상에서 살아가는 천문학자로서, 개인적으로 부러운 인물이 한 명 있다. 인상주의를 대표하는 프랑스 화가 클로드 모네Claude Monet다. 클로드 모네는 빛의 마술사로도 유명하다. 그는 똑같은 풍경이라도 시간에 따라, 하늘 조명의 빛깔에 따라 전혀 다른 색감, 감각이 만들어진다고 생각했다. 하루 종일 루앙 대성당의 모습을 보면서, 새벽 태양 빛부터 노을이 지는 순간까지의 시시각각 변화하는 모습을 남긴 그의 작품이 대표적이다.

전해지는 이야기에 따르면, 모네는 1912년 오른쪽 눈에서 이상을 느끼기 시작했다. 시력이 떨어졌고 특히 색감이 둔해지는 듯한 느낌을 받았다. 그는 결국 백내장 진단을 받았고, 1923년 눈에서 수정체를 제거하는 큰 수술을 받았다. 당시에는 의료 기술이 발달하지 못했고, 인공 수정체로 다시 눈을 채우는 기술은 존재하지 않았다.

수정체가 줄어든 그의 오른쪽 눈은 결국 자외선 일부를 걸러 내지 못했고 그대로 자외선이 망막 시신경에 닿아 그에게 낯선 풍경을 보여 주기 시작했다. 모네는 처음에 무슨 일이 벌어지고 있는지 알지 못했지만, 얼마 지나지 않아 자신이 남들은 보지 못하는 더 푸른, 파장이 짧은 빛을 보고 있다는 사실을 깨달았다. 자외선 일부가 섞인 풍경은 더 푸르스름하게 빛났다. 뜻밖에도 모네는 일종의 의료 사고로 인해 남들에게 없는 초능력을 얻게 된 셈이다.

천상 예술가였던 모네는 자신에게 닥친 이 불행을 자신의 미술 세계를 더욱 다채롭게 만드는 새로운 재료로 활용했다. 그는 멀쩡한 눈과 다친 눈을 번갈아 감으면서 그림을 그렸다. 실제로 모네가 백내장 수술을 받고 나서 그린 그림을 보면 유독 푸르스름한 빛으로 가득 채워진 것을 확인할 수 있는데, 그가 바라봤던 자외선의 흔적이 담긴 것이다. 모네는 인류 역사상 유일하게 가시광선과 자외선 일부를 함께 인식할 수 있는 다중 파장 관측이 가능한 눈을 갖고 있던 사람이었다.

모네의 작품, 〈파란 수련〉.

다중 파장 관측이
우리에게 말해 주는 것

다중 파장 관측은 오늘날의 천문학에서 절대 빼놓을 수 없는 중요한 관측 방식이다. 사실상 이제는 동일한 천체를 단 한 가지 파장으로만 관측하는 경우는 거의 없다고 해도 과언이 아니다.

가시광선 사진에서는 그저 별들이 펑퍼짐하게 모여 있는 평범한 타원 은하로 보이는 천체가 있다. 하지만 이곳을 전파로 관측하면 가시광선에서는 볼 수 없는 놀라운 흔적이 드러난다. 은하 전체 크기를 초월할 만큼 거대한 전파 거품이 양쪽으로 길게 뿜어져 나오는 모습이다. 이것은 은하 중심에 숨어 있는 거대한 블랙홀이 에너지를 토해 내면서 남긴 흔적이다. 그 위력이 얼마나 강한지, 은하 경계 너머까지 전파 거품이 뿜어져 나오는 것이다.

다중 파장 관측의 위력을 가장 제대로 실감할 수 있는 아름다운 현장 중 하나는 바로 어린 별들이 한창 새롭게 반죽되고 있는 가스 먼지 구름이다. 모든 별은 먼지 구름이 높은 밀도로 반죽되면서 만들어진다. 그 밀도는 너무 높아서, 그 안에 숨어 있는 아기별의 모습이 잘 드러나지 않는다. 마치 두꺼운 먼지로 뒤덮인 고치 속에서 꼬물거리는 애벌레와 같다.

그런데 적외선은 그 애벌레의 모습을 들여다볼 수 있게 해 준다. 가시광선에 비해 적외선은 파장이 긴 덕분에 아기별을 감싸고

중심에 난폭한 초거대 질량 블랙홀을 품고 있는 헤라클레스 A 은하의 모습. 가시광선으로 바라본 사진에선 평범한 타원 은하처럼 보이지만, 전파 관측을 더하면 숨어 있던 거대한 전파 거품이 드러난다.

있는 빽빽한 먼지 입자들 사이 틈을 요리조리 피해서 우리에게 빛이 닿을 수 있게 해 주기 때문이다. 따끈한 별의 산실인 가스 먼지 구름을 적외선으로 바라보면, 그 안에 숨어 힘차게 첫 울음소리를 토해 내고 있는 어린 별의 탄생 순간을 볼 수 있다.

다중 파장 관측은 이 우주에 얼마나 다채로운 빛들이 공존하고 있는지, 또 우리의 눈은 그 수많은 빛을 얼마나 흘려보내고 있는지를 일깨워 준다. 우리가 보고 있는 우주의 풍경은 극히 일부일 뿐이다. 우리와 전혀 다른 파장을 감지하는 시각 기관을 타고난 또 다른 존재가 있다면, 그들에게 펼쳐진 우주는 우리가 보는 우주와는 전혀 다를 것이다.

드디어 우리는 올베르스의 패러독스에 완벽한 해답을 내릴 수 있는 모든 준비를 갖췄다. 첫 번째, 관측 가능한 우주는 유한하다. 우주 자체가 무한할지는 몰라도 우리가 실질적으로 빛으로 인식할 수 있고 관측할 수 있는 가장 먼 우주의 범위는 유한하다. 우리는 그 범위 안에 들어오는 빛만 볼 수 있고, 따라서 우리를 비추는 빛은 무한하지 않다.

두 번째, 빛은 우주가 팽창하면서 파장이 길게 늘어진 상태로 지구에 도달한다. 우주의 팽창이 없었다면 충분히 눈으로 볼 수 있었을 별빛이 눈으로 볼 수 없을 정도로 긴 파장으로 숨어들었다. 그렇지 않아도 이미 관측 가능한 우주가 제한된 바람에 우리를 비추는 빛이 줄어든 상황에서, 그마저도 먼 우주 끝자락에서 날아온 빛은 우리가 볼 수 없는 영역으로 꽁꽁 숨어 버린 셈이다. 그렇게 우리를 감싼 우주는 더 짙은 어둠 속으로 사라졌다.

매일 밤 찾아오는 '깜깜한 밤하늘'이라는 익숙한 풍경이야말로 우주가 유한한 세월을 살아왔고, 빅뱅이라는 명확한 시점 이후에만 존재했다는 것을 보여 주는 가장 확실한 증거다. 모든 것의 시작을 이야기하는 빅뱅 우주론이 아직도 의심스러운가? 그렇다면 태양이 저물 때 고개를 들어 하늘을 바라보길 바란다. 당신을 둘러싼 우주의 어둠이 당신에게 그 모든 이야기를 들려줄 테니 말이다.

과학은 당연해 보이는 것들을 연구한다

우주는 왜 어두운가? 이 당연해 보이는, 너무 당연해서 굳이 궁금해할 필요조차 없어 보이는 사소한 질문에서 우주의 탄생을 이야기하는 빅뱅 우주론이 탄생했다. 과학은 바로 이런 것이다. 과학의 본질은 당연해 보이는 일들이 왜 당연할 수밖에 없는지를 이해하는 데 있다.

우리는 흔히 과학에 마법을 기대하곤 한다. 중력을 거슬러 공중 부양을 하고, 차원과 시간을 넘나들고, 돌멩이를 황금으로 바꾸는 신비로운 꿈들이 과학을 통해 실현되리라는 막연한 기대를 품는다. 하지만 본래의 과학은 그런 꿈을 이루기 위해 존재하지 않는다. 단지 과학은 우리가 살아가는 이 자연, 우주가 왜 지금의 모습으로 존재하는지, 왜 지금의 방식으로 작동하는지를 인간의 언어로 설명하고, 우리가 이해하기 위해 존재할 뿐이다.

이따금 과학을 전지전능한 신이나 신비로운 마법쯤으로 여기며 과분한 기대를 해 주는 것이 고맙기도 하지만 한편으로는 마음이 아프다. 과학에 과도한 신비를 기대했던 이들은 정작 실제 과학이 고민하고 있는 질문의 정체를 알게 되었을 때 시시해하고 실망할 수도 있을 테니 말이다.

그렇다면 과학은 무엇을 고민하는가? 과학이 던지는 질문은 이런 식이다. 하늘의 구름은 왜 둥둥 떠 있는가? 물은 왜 높은 곳에서 아래로 흐르려고 하는가? 왜 지구는 태양 곁을 맴돌고 있으며, 밤하늘은 왜 깜깜한가? 매일 우리가 보고 있는 익숙한 풍경이 왜 다른 모습도 아닌, 딱 우리가 알고 있는 그 모습으로 존재하며 그럴 수밖에 없는 것인지, 그 이유는 무엇인지를 궁금해하는 학문이 바로 과학이다. 과학은 기적을 바라지도 연구하지도 않는다. 과학은 단지 현실을 파고들 뿐이다. 모든 진리는 기적이 아니라 그 현실 속에 숨어 있기 때문이다.

4장

사과는 어떻게
우주의 힘을 설명했을까

인류의 역사를
뒤바꾼

세 번의
사과

인류의 역사를 뒤바꾼 세 번의 사과가 있다고 한다. 첫 번째 사과는 아담과 이브의 사과, 즉 창세기에 등장하는 선악과다. 성경에 따르면 아담과 이브는 신의 약속을 어기고 선악과를 따먹는 죄를 지었고, 그로 인해 인류는 에덴 동산에서 쫓겨나 지금의 혼란스러운 세상을 살게 되었다고 전해진다.

    두 번째 사과는 프랑스 현대 미술의 아버지로 일컬어지는 폴 세잔Paul Cézanne의 사과다. 그는 유독 가만히 멈춰 있는 오브제를 그리는 정물화를 좋아했다. 정물화야말로 사물의 본질을 가장 온전히 담을 수 있다고 생각했기 때문이다. 특히 세잔의 그림에 가장 많이 등장하는 오브제가 바로 사과다. 자연의 본질은 겉모습이 아닌 내부에 있다고 생각했던 그는 심지어 사과가 썩어 갈 때까지 계속 지켜보면서 그림을 그릴 정도였다.

마지막 세 번째 사과는 뉴턴의 머리 위에 떨어졌다고 전해지는 사과다. 뉴턴은 어린 시절 나무 아래 앉아 있다가, 자신의 머리 위에 떨어진 사과를 보며 지구가 신비로운 힘으로 사과를 끌어당기고 있다는 사실을 깨우쳤다고 한다.

사과와 관련된 뉴턴의 일화는 어린 시절부터 그가 얼마나 총명했는지를 보여 주는 영웅담처럼 전해져 내려온다. 하지만 많은 과학사학자들의 분석에 따르면, 이 영웅담에는 다소 과장이 섞여 있을 가능성이 높다. 뉴턴이 죽고 나서 그의 제자들이 스승의 위대함을 칭송하기 위해 이것저것 살을 붙인 이야기라는 추정이다.

실상은 조금 시시했을지라도, 뉴턴의 사과는 인류가 중력이라는 우주의 근본적인 힘 가운데 하나를 깨우치게 된, 나아가 중력이라는 힘에 대해 근본적인 질문을 던지기 시작한 순간을 대표한다. 이렇게 이브의 사과, 세잔의 사과 그리고 뉴턴의 사과까지, 작은 사과 하나에서 인류의 큰 도약이 벌어졌다는 건 참으로 절묘한 우연이다. 한편 가장 최근에는 스티브 잡스의 애플이 새로운 네 번째 사과로 거론되기도 한다.

중력에 대한
흑역사를 남긴 갈릴레오

사실 인류가 중력이라는 힘의 존재를 처음 눈치채기 시작했던 건 뉴턴의 머리 위에 사과가 떨어지기 한참 전부터였다. 뉴턴이라는 물리학의 거인이 등장하기 한참 전, 16세기 독일의 천문학자 요하네스 케플러Johannes Kepler는 고향 마을 근처 바닷가에서 흥미로운 현상에 주목했다. 매일 아침 저녁으로 바닷물이 해안선 안으로 밀려오고, 다시 빠져나가는 모습이었다. 반복되는 밀물과 썰물은 묘하게도 하늘에 떠있는 달의 위치, 그리고 달의 모양과 함께 변했다.

케플러는 달이 차오르고 다시 기우는 주기와 함께 맞물려서, 해안선 안으로 바닷물이 밀려오고 빠져나가는 정도에 규칙적인 리듬이 존재한다고 생각했다. 케플러는 이를 근거로 당시로서는 굉장히 과감한 상상을 던졌다. 어쩌면 지구의 바닷물이 출렁이는 이유가 바로 달 때문이 아닐까? 그는 지구와 달이 서로 보이지 않는 신비로운 힘으로 엮여 있다고 생각했다. 달이 지구의 바닷물을 끌어당기면서 움직이고 있기 때문에, 달의 움직임에 맞춰서 해안선이 변한다고 생각한 것이다.

하지만 시대를 앞선 케플러의 통찰력은 당시에 큰 주목을 받지 못했다. 오히려 말이 안 되는 헛소리로 취급되었다. 케플러를 비판한 사람 중에는 이미 그 당시 권위 있는 천문학자의 반열에 오르고 있던 갈릴레오도 있었다. 그는 밧줄로 엮여 있지도 않은 지구와 달이 서로 끌어당기는 힘을 주고받을 리가 없다고 생각했다. 갈릴레오는 케플러의 주장을 단칼에 무시했다. 한때 아리스토텔레스의 우주관을 비판하면서 스스로 새로운 패러다임을 열었던 장본인이었지만, 갈릴레오도 또 다른 젊은 천문학자에게는 꼰대같은 존재였던 셈이다.

여기에서 멈추지 않고 갈릴레오는 굉장히 흥미로운 흑역사를 남겼다. 그는 전혀 다른 방식으로 지구에서 벌어지는 밀물과 썰물을 설명했다. 갈릴레오는 지구가 거대한 양동이와 같다고 생각했다. 지구의 바다는 그 안에 물이 담겨 있는 것과 같다. 갈릴레오는 지구가 태양을 중심에 두고 움직인다는 생각에 심취해 있었다. 물이 가득 담긴 양동이를 들고 이리저리 흔들고 움직이면, 그 안에 담긴 물이 출렁인다. 그러면서 양동이의 가장자리에서 물이 위로 올라왔다가 아래로 내려가는 모습을 보게 된다.

갈릴레오는 밀물과 썰물도 이와 같다고 생각했다. 지구의 해안선은 일종의 거대한 양동이의 가장자리인 셈이다. 갈릴레오는 지구라는 거대한 양동이 안에 담긴 바닷물이 지구의 움직임으로 인해 출렁거리면서 오르내리는 모습이 밀물과 썰물의 정체라고 생각했다. 그리고 밀물과 썰물이야말로, 지구가 움직이고 있다는 사실을 보여 주는 가장 확실한 증거라고 믿었다.

목성 주변을 도는 위성을 발견하고, 달의 거친 표면을 발견했던 갈릴레오는 밀물과 썰물에 대해서는 완전히 잘못된 해석을 남겼다. 하지만 흥미롭게도 그 틀린 주장을 근거로, 결과적으로는 지구가 움직이고 있다는 올바른 결론에 이르렀다. '모로 가도 서울만 가면 된다'라는 속담에 해당하는 가장 흥미로운 사례 중 하나가 아닐까? 이 이야기는 잘 알려지지 않은 갈릴레오의 대표적인 흑역사 중 하나다.

갈릴레오는 정말로
피사의 사탑에 올라갔을까?

갈릴레오하면 또 빼놓을 수 없는 유명한 이야기가 있다. 이탈리아 피사의 사탑 꼭대기에 올라가서 공 두 개를 떨어뜨리는 실험을 했다는 이야기다. 앞서 소개했듯이, 고대의 아리스토텔레스는 떨어지는 물체가 얼마나 빠르게 떨어지는지는 온전히 그 물체 본연의 성질에 달렸다고 생각했다. 더 무거운 물체는 더 빠르게 떨어지고, 더 가벼운 물체는 더 느리게 떨어진다는 것이었다.

하지만 젊은 시절의 갈릴레오는 하늘에서 우박이 떨어지는 모습을 보면서 의문을 품었다. 딱 봐도 크기에 상관없이 모든 우박이 비슷한 속도로 떨어지는 것처럼 보였기 때문이다. 갈릴레오는 당시 공부하던 대학의 교수에게, 우박을 근거로 아리스토텔레스의 패러다임을 반박하는 질문을 던졌다. 하지만 교수는 오히려 갈릴레오를 타박했다. 그러면서 무거운 우박은 더 낮은 높이에서, 가벼운 우박은 더 높은 곳에서 떨어지기 때문에 결국 땅에서 봤을 때는 우박이 모두 비슷한 속도로 떨어지는 것처럼 보일 뿐이라고 변명했다. 갈릴레오는 이런 식의 설명이 마음에 들지 않았다. 그는 아리스토텔레스의 우주를 무너뜨리고 싶었다.

실제로 뉴턴이 사과를 머리에 맞고 중력을 깨우친 것이 아니듯, 갈릴레오가 피사의 사탑 꼭대기에 올라가서 직접 공 두 개를 떨어뜨리는 실험을 했다는 이야기도 사실이 아니다. 실제로 갈릴레오가 피사의 사탑에 올라 그런 실험을 시도했다는 정확한 기록은 남아 있지 않다. 잠시 갈릴레오의 머릿속으로 들어가 보자.

무거운 공과 가벼운 공이 하나씩 있다. 만약 아리스토텔레스의 말이 맞다면 같은 높이에서 두 공을 떨어뜨렸을 때, 무거운 공이 더 빠르게 떨어져야 한다. 여기에 갈릴레오는 한 가지 조건을 추가했다. 무거운 공과 가벼운 공을 밧줄로 묶어서 한 덩어리로 만든 다음 높은 곳에서 떨어뜨린다. 무거운 공 하나만 떨어뜨릴 때와 비교해, 이 덩어리 공은 더 빠르게 떨어질까, 느리게 떨어질까? 흥미롭게도 아리스토텔레스의 방식이라면 두 가지 답 모두 가능하다. 일단 무거운 공과 가벼운 공을 한 덩어리로 묶어 놓았으니 전체 무게는 더 무거워졌다고 볼 수 있다. 그렇다면 무거워진 만큼 더 빠르게 떨어져야 한다고 설명할 수 있다.

하지만 반대 논리도 가능하다. 무거운 공은 더 빠르게 떨어지려고 하지만 함께 묶여 있는 가벼운 공이 더 느리게 떨어지고 싶다며 저항할 수 있다. 결국 가벼운 공의 방해로 인해, 무거운 공과 가벼운 공이 묶여 있는 전체 덩어리는 오히려 무거운 공 하나만 떨어뜨릴 때보다 천천히 떨어지게 될 수도 있다.

같은 물체를 떨어뜨리는데도 설명하는 관점에 따라 정반대의 답이 모두 가능해진다. 이것은 논리적으로 모순이다. 이를 근거로 갈릴레오는 아리스토텔레스의 가정이 잘못되었다는 사실을 입증했다. 이 모순을 해결할 수 있는 답은 하나뿐이었다. 질량에 상관없이 모든 물체가 같은 속도로 떨어진다는 것이다. 그렇다면 가벼운 공이든 무거운 공이든, 둘을 묶은 덩어리든 상관없이 모두 같은 속도로 떨어지게 된다. 자연스럽게 논리적 모순은 사라진다.

그렇다면 갈릴레오의 주장을 실제 실험으로 입증할 수 있을까? 아쉽지만 당신의 집에서는 입증하기가 조금 까다롭다. 가벼운 깃털과 망치를 양손에 들고 떨어뜨려 보자. 분명 둘은 다른 속도로 떨어질 것이다. 망치는 곧바로 땅으로 떨어지는 반면, 깃털은 하늘하늘 춤을 추며 천천히 떨어진다. 그렇다면 갈릴레오의 주장이 틀린 것일까? 그건 아니다. 다만 지구에서는 공기의 저항으로 인해 깃털처럼 너무 가벼운 물체는 더 느리게 떨어질 뿐이다. 따라서 갈릴레오의 주장을 공정하게 검증하기 위해서는 공기 저항의

데이비드 스콧이 깃털과 망치를 달 표면에 떨어뜨린 직후 촬영한 사진.

방해가 없는 곳에서 실험을 진행해야 한다. 그리고 실제 그런 실험이 이루어진 적이 있다.*

1971년 아폴로 15호의 우주인 데이비드 스콧David Scott은 잠시 여유가 있을 때, 재미있는 실험을 시연했다. 그는 두꺼운 우주복을 입은 채로 한 손에는 독수리 깃털을, 다른 한 손에는 작업할 때 쓰던 망치를 들었다. 그리고 동시에 떨어뜨렸다. 그러자 둘 모두 정확히 같은 속도로 달 표면에 떨어졌다.

당시 실험 장면은 저화질의 비디오 카메라 영상으로 생생하게 남아 있다.** 실험이 끝나고 관제실과 주고받는 대화도 인상적이다. 그들은 "갈릴레오가 맞았네!"라면서 익살스러운 웃음을 주고받는다. 나는 이 장면이 상당히 귀엽게 느껴지는데, 굳이 달에서 이 사소한 실험을 하겠다는 목표 하나만으로 독수리 깃털을 챙겨 갔다는 사실 때문이다. 그들은 달 탐사에 아무런 쓸모가 없는 독수리 깃털을, 오직 이 실험 하나만을 위해 달까지 가져간 것이다.

• 갈릴레오 역시 자신의 추측을 실험해 본 적이 있기는 하다. 100파운드(ℓb)짜리 포탄과 0.5파운드짜리 탄환을 약 200큐빗(약 90m) 높이에서 떨어트린 실험이다. 이때 포탄과 탄환은 질량이 전혀 다른데도 거의 동시에 떨어지는 모습을 확인할 수 있었다. 실험을 반복해 봐도, 포탄이 떨어지는 속도는 빨라 봤자 탄환보다 한 뼘 정도 빠른 속도였다. 갈릴레오는 이 차이가 유의미하지 않다고 생각했고, 질량에 상관없이 모든 물체는 동일한 속도로 떨어진다는 생각을 굳히게 됐다.

•• 유튜브에서도 쉽게 볼 수 있으니 직접 확인해 보길 바란다. https://www.youtube.com/watch?v=oYEgdZ3iEKA

해왕성의 발견은

뉴턴으로부터 시작되었다

갈릴레오의 무시 속에서 제대로 된 빛을 받지 못했던 케플러의 통찰력은 이후 시간이 흘러, 뉴턴이라는 새로운 거장이 등장하면서 비로소 인정받게 되었다.

잘 알려진 일화와 달리 사실 뉴턴이 했던 고민은 좀 더 복잡했다. 그는 단순히 왜 사과가 땅으로 떨어지는지를 고민하지 않았다. 대신 사과보다 훨씬 더 거대한 달이 어째서 땅에 떨어지지 않고 계속 하늘에 떠 있을 수 있는지를 고민했다. 사과처럼 작고 가벼운 물체도 쉽게 땅으로 떨어진다면, 당연히 더 크고 무거워 보이는 달도 이미 땅에 떨어졌어야 하는 게 아닐까? 그런데 달은 매일 밤하늘에 평화롭게 둥둥 떠있다. 마치 무언가 신비로운 힘이 달을 떠받치고 있기라도 한 것처럼 말이다.

중력의 본질을 고민했던 위대한 물리학자들의 이야기를 따라가다 보면 발견할 수 있는 흥미로운 공통점이 하나 있다. 이들 모두 철저한 이론가였다는 점이다. 직접 실험을 하는 대신, 머릿속에서 상상 속의 사고 실험만으로 우주의 본질을 깨달았다. 사과와 달의 엇갈린 운명을 고민했던 뉴턴도 마찬가지였다. 이번에는 뉴턴의 머릿속으로 들어가 보자.

뉴턴의 과학 혁명이 위대한 이유

뉴턴은 상상 속 산꼭대기에 올라갔다. 그리고 대포를 수평한 방향으로 조준하고 대포알을 발사했다. 처음에 속도가 느릴 때 대포알은 얼마 날아가지 않고 금방 산기슭에 떨어진다. 이제 화약을 좀 더 넣어서 발사 속도를 높여 보자. 대포알은 조금 더 멀리, 산기슭 바깥으로 떨어진다. 이렇게 계속 조금씩 발사 속도를 높여 나간다.

이제 이 과정을 지구에서 멀찍이 떨어진 우주 공간에서 바라보는 상상을 해 보자. 지구는 둥글다. 그 위에 작게 솟아 있는 산꼭대기 위에서 대포알을 쏘는 실험을 반복한다. 대포알은 포물선을 그리면서 다시 땅으로 떨어진다. 발사 속도가 커질수록 대포알이

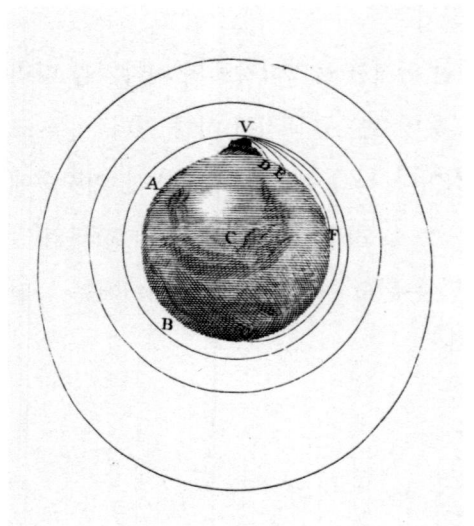

뉴턴이 고민했던 대포알 실험을 보여 주는 그림.

그리는 궤적은 더 넓게 그려진다. 그러다가 어느 순간 충분히 커진 대포알의 둥근 궤적은 이제 지구의 땅에 영원히 닿지 않기 시작한다. 마치 달이 지구 곁에 맴돌듯, 대포알은 지구의 땅에 닿지 않는 채로 둥근 궤적을 따라 빙글빙글 돌게 된다.

뉴턴은 이 놀라운 통찰을 통해 궤도 운동의 새로운 본질을 깨달았다. 달은 하늘에 둥둥 떠 있는 것이 아니었다. 달도 지구의 중력에 붙잡힌 채, 지구를 향해 떨어지고 있는 중이었다. 다만 지구에서 달까지의 거리가 너무 멀고, 달이 충분히 빠른 속도로 날아가고 있어서 달이 그리는 둥근 궤적이 영원히 땅에 닿지 못하고 있을 뿐이었다. 다시 말해서, 달은 땅을 향해 영원한 낙하를 하고 있는 셈이다.

뉴턴은 여기에서 한 발짝 더 나아갔다. 만약 사과를 달과 같은 높이까지 올린 다음 놓는다면 어떻게 될까? 그는 중력의 법칙을 적용해서, 달 높이에 떠 있던 사과가 시간이 흐르면서 어느 정도 높이를 지나게 될지 계산했다. 그러자 흥미로운 결과가 나왔다. 사과가 이동한 수직 거리는 정확히 같은 시간 동안 달이 움직인 수직 거리와 같았다. 이것은 사과와 달에 작용하는 지구의 힘이 본질적으로 다르지 않다는 의미였다. 지상의 나무에 달려 있던 사과가 땅으로 떨어지게 만드는 힘이나, 하늘 높이 떠있는 달을 붙잡고 있는 힘이나 결국 같은 힘이라는 것이다. 나아가 이 사실은 중력이 만물에 공평하게 작용한다는 뜻이었다.

이것이야말로 뉴턴이 만든 과학 혁명의 진정한 의미라 할 수 있다. 뉴턴의 과학 혁명이 위대한 이유는 단순히 중력이라는 힘의 존재를 발견했기 때문만은 아니다. 그 이유는 오랫동안 별개의 세계라고 여겨졌던 지상계와 천상계를 하나의 물리학으로 통합했기 때문이다.

뉴턴 이전까지 인류는 지상계를 설명하는 물리학과 천상계를 설명하는 물리학이 따로 있다고 생각했다. 쉽게 말해서 지상과 천상을 설명하기 위해 서로 다른 물리학 교과서가 두 권 필요하다고 생각했던 셈이다. 하지만 뉴턴은 그런 구분이 필요치 않다는 사실을 보여 주었다. 지상과 천상 모두 동일한 물리 법칙의 지배를 받는다. 나무에 걸려 있던 사과가 떨어지는 이유도, 하늘의 달이 궤도를 돌면서 떠 있을 수 있는 이유도 모두 단 한 권의 물리학 교과서로 설명할 수 있다. 뉴턴은 지상계와 천상계 사이를 가르고 있던 장벽을 허물고 단 하나의 통합된 물리학적 패러다임을 새롭게 구축했다.

**천왕성 너머에 숨겨진
행성을 발견하다**

이후 뉴턴이 구축한 새로운 중력 이론에 기반한 패러다임은 머리 위에 떠 있는 밤하늘을 완벽하게 묘사했다. 심지어 뉴턴의 중력 법칙은 보이지 않던 새로운 우주의 모습까지 예견할 정도였다.

18세기 후반까지 인류가 알고 있던 태양계는 지금에 비해 훨씬 비좁았다. 그때까지만 해도 태양계의 경계는 맨눈으로 볼 수 있는 가장 먼 행성인 토성이었다. 그런데 1781년, 토성 경계 너머에서 새로운 행성이 발견되었다. 직접 만든 망원경으로 토성 너머의 어둠을 관측하던 허셜이 발견한, 천왕성의 등장이었다.

태양계에 새롭게 등장한 천왕성은 이해하기 어려운 이상한 낌새를 보였다. 천왕성도 결국 태양의 중력에 붙잡혀 궤도를 도는 행

허블 우주 망원경으로 2021년 10월 25일에 촬영한 천왕성(왼쪽)과 같은 해 9월 7일에 촬영한 해왕성(오른쪽)의 모습.

성이기에, 태양과 천왕성이 주고받는 중력만 생각한다면 그 궤도를 비교적 간단하게 구할 수 있었다. 하지만 실제 천왕성이 보이는 궤도는 계산과 묘하게 달랐다. 수학적으로 태양에 의한 중력만 고려했을 때 그려야 할 궤도를 조금씩 벗어나면서 요동쳤던 것이다. 마치 천왕성에 중력을 가하는 또 다른 무언가가 숨어 있기라도 한 것처럼 말이다.

천왕성 궤도의 미세한 떨림을 보면서, 천문학자들은 어쩌면 천왕성 너머에 숨어 있는 또 다른 행성이 있을지 모른다고 생각했다. 특히 두 명의 수학자, 위르뱅 르 베리에Urbain Le Verrier 그리고 존 아담스John C. Adams는 각자 뉴턴의 중력 법칙을 적용해서, 관측된 천왕성의 움직임을 설명하려면 미지의 행성이 어디쯤 놓여 있어야 할지에 대한 예측을 제시했다. 두 사람의 예측은 놀라울 정도로 비슷한 위치를 가리켰다. 그리고 정말 더 놀라운 일이 벌어졌다. 그로부터 얼마 지나지 않아, 1846년 천문학자 요한 갈레Johann Gottfried Galle가 수학자들이 예측했던 바로 그 위치 언저리에서 정말로 새로운 행성을 발견한 것이다.

오늘날 태양계의 여덟 번째이자 마지막 행성으로 불리는 해왕성은 이렇게 발견되었다. 천문학의 역사에서 해왕성은 매우 특별한 위치에 놓여 있다. 그 존재가 실제 관측 이전에 지극히 수학적인 방법으로 먼저 예측된 존재이기 때문이다. 보통 새로운 행성이나 소행성의 발견은 우연히 이루어진다. 하염없이 매일 밤하늘을 샅샅이 뒤진 끝에 운 좋게 무언가 새로운 천체가 포착되는 것이다.

그런데 해왕성은 달랐다. 이미 그 존재가 사실로 확인되기도 전에, 뉴턴의 중력 법칙에 기반한 수학적 계산으로 그 존재가 예견되었고 심지어 어디쯤에서 찾아야 할지에 대한 꽤 자세한 가이드라인까지 수학적으로 제시된 상황이었다. 해왕성의 발견은 뉴턴의 중력 법칙에도 강력한 권위를 부여했다. 아직 본 적 없는, 어둠 속의 새로운 우주를 가리키며 놀라운 수학적 성과를 보여 주었기 때문이다.

수성 궤도를 괴롭히는

힘의 정체에 관한 의문

해왕성 발견이라는 행복한 경험 이후 얼마 지나지 않아 천문학자들을 당황스럽게 하는 새로운 발견이 또 한 번 이어졌다. 이번에는 태양계 가장 바깥이 아닌, 가장 안쪽 첫 번째 행성인 수성이 말썽을 부렸다. 천문학자들은 매일 아침저녁으로 태양 근처에서 꼬물거리는 수성의 움직임을 통해 수성 궤도에 이해할 수 없는 뚜렷한 변화가 벌어진다는 사실을 발견했다.

수성은 태양 주변에서 아주 크게 찌그러진 타원 궤도를 그린다. 그리고 타원 궤도에서 수성이 태양에 가장 가까워지는 지점을 근일점이라고 한다. 그런데 천문학자들은 수성의 타원 궤도 자체가 천천히 틀어지고 있다는 사실을 발견했다. 타원 궤도의 근일

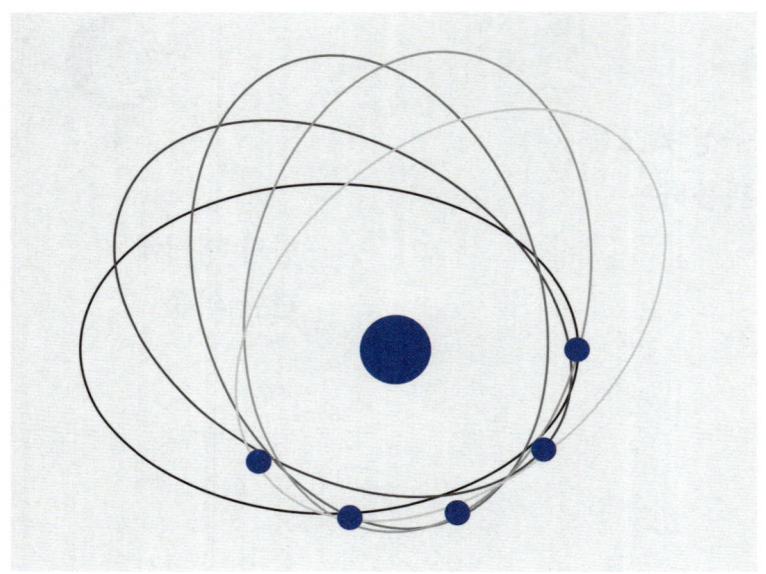

수성의 찌그러진 타원 궤도 모형.

점 방향 자체가 천천히 움직이고 있던 것이다. 그 움직임은 굉장히 미미했지만, 20세기가 되면서 천문학자들은 꽤 정교한 관측을 통해 그 미미한 요동을 파악했다. 수성 궤도의 근일점은 100년 동안 5,600초 정도의 각도로 틀어졌다. 참고로 일반적인 각도기에서 볼 수 있는 작은 눈금 한 칸에 해당하는 1°는 초 단위로 3,600초에 해당한다. 즉, 수성 궤도 근일점이 100년 동안 5,600초 틀어졌다는 건, 100년 동안 각도 2°도 채 안 되는 미세한 틀어짐을 보였다는 뜻이다.

미지의 행성 벌컨과
풀리지 않는 의문

굉장히 사소한 차이처럼 보일지 모르지만, 이는 천문학자들에게 심각한 문제였다. 수성 또한 태양 중력의 지배를 받는다. 수성이 그리는 타원 궤도 역시 태양이 수성을 끌어당기고 있는 중력만 고려했을 때 수학적으로 쉽게 구할 수 있다. 그런데 수성 궤도는 마치 무언가가 자신에게 추가로 중력을 행사하기라도 하는 것처럼 또 다른 요동을 보였다. 지구 자체의 움직임 때문에도 지구에서 본 수성의 움직임에 변화가 생길 수 있지만, 이 효과로 설명할 수 있는 수성 궤도의 변화는 100년 동안 5,025초 정도였다.

여기에 태양계 행성들 가운데 가장 무거운 목성에 의한 중력 효과도 고려할 수 있다. 조금 먼 거리에 떨어져 있기는 하지만, 목성의 강한 중력도 섭동을 일으키면서 수성 궤도에 미세한 영향을 줄 수 있다. 목성으로 설명할 수 있는 수성 궤도의 변화는 100년 동안 532초 정도였다.

이렇게 지구 자체의 움직임과 육중한 목성의 중력 효과를 모두 고려하더라도, 도무지 설명할 수 없는 미세한 요동이 남는다. 수성의 근일점이 틀어지는 정도 5,600초에서 지구의 움직임으로 인한 효과 5,025초와 목성 중력으로 인한 효과 532초를 빼도 나머지 43초의 미세한 틀어짐이 남는 것이다. 100년 동안 겨우 43초밖에 안 되는 미세한 각도의 틀어짐이 일어나는 셈이지만, 당시 이론으로는 그 미세한 차이를 도무지 깔끔하게 설명할 길이 없었다.

이 문제를 해결하기 위해 천문학자들은 얼마 전 해왕성을 발견했을 때 겪었던 행복한 추억을 떠올렸다. 당시 뉴턴의 중력 법칙은 천왕성의 미세한 요동을 설명하기 위해 새로운 행성의 존재를 수학적으로 예측했고 덕분에 해왕성을 발견할 수 있었다. 그렇다면 수성에서도 똑같은 일이 벌어질 수 있지 않을까? 어쩌면 수성 궤도 안쪽에서 더 작은 궤도를 그리는 행성이 하나 더 숨어 있는 게 아닐까?

천문학자들은 미지의 행성 중력으로 인해 수성 궤도가 계속해서 미세하게 틀어지고 있다고 생각했다. 단지 이 미지의 행성이 그리는 궤도가 태양에 너무 바짝 붙어 있어서, 태양 빛에 파묻혀 있는 이 행성을 관측으로 확인하기가 까다로울 뿐이라고 생각한 것이다.

한동안 천문학자들은 이 상상 속의 행성에 벌컨Valcan이라는 이름을 붙여 주었다. 수성보다 태양에 더 바짝 붙어 있을 테니, 이 행성은 어마어마하게 뜨겁게 달궈져 있을 것이다. 아마도 표면이 펄펄 끓는 마그마로 뒤덮인 세계일 것이었다. 그 상상 속 모습에 어울리는 신화 속 대장장이 신의 이름을 붙여서 행성의 이름을 지었다. 하지만 지금껏 벌컨은 발견되지 않았다. 만약 벌컨이 실제로 발견되었다면 우리는 태양계 행성 순서를 외울 때, '벌수금지화목토

천해'라고 했을 테니 말이다.

사실 아직도 상상 속의 벌컨과 비슷하게, 태양에 바짝 붙어 작은 궤도를 도는 천체가 있을 거라는 기대를 저버리지 않는 극소수의 천문학자들이 있기는 하다. 이 천체들을 통칭해서 벌커노이드 Valcanoid 행성이라고 부르는데, 아쉽게도 아직 이들의 존재를 보여주는 관측적 증거는 단 하나도 발견된 적이 없다.

수성 궤도의 미세한 틀어짐은 천왕성, 해왕성과 같은 방식의 행복한 결말로 이어지지 않았다. 새로운 행성은 없었다. 그렇다면 대체 수성 궤도의 틀어짐은 어떻게 설명해야 할까? 수성 궤도를 괴롭히고 있는 힘의 정체는 대체 무엇일까?

**태양계가 품은
의문에**

**해답을 찾은
아인슈타인**

수성 궤도의 미세한 틀어짐에 대한 새로운 해답을 제시한 건, 역사상 가장 위대한 물리학자로 꼽히는 알베르트 아인슈타인이다. 아인슈타인이라고 하면 시공간을 뒤틀고 시간 여행의 가능성을 조심스레 고민하게 만드는, 마법 같은 상대성 이론을 떠올릴 것이다.

하지만 정작 아인슈타인이 상대성 이론이라는 놀라운 패러다임을 고민하게 된 정확한 계기에 대해서는 많은 사람들이 잘 모른다. 의외로 아인슈타인은 사소해 보이는 작은 문제에 주목했다. 그가 상대성 이론이라는 놀라운 패러다임을 완성하게 된 계기는 바로 수성 궤도의 미세한 틀어짐이었다.

아인슈타인의
재미있는 사고 실험

아인슈타인이 활동하던 당시는 한창 고층 빌딩이 지어지던 시기였다. 자연스럽게 건물에는 엘리베이터가 설치되기 시작했다. 어느 날 아인슈타인은 엘리베이터 안에서 흥미로운 사고 실험을 펼쳐 나갔다.

사방이 벽으로 가로막힌 엘리베이터에 갇혀 있는 상상을 해 보자. 바깥을 볼 수는 없지만, 당신은 자신이 지구 어딘가에 있다는 것을 알 수 있다. 내 몸을 끌어당기는 지구의 중력, 발로 딛고 일어설 때 느끼는 나의 하중을 통해 지구 중력을 느낄 수 있기 때문이다. 만약 엘리베이터가 우주 공간에 덩그러니 놓인다면 당신은 순식간에 중력이 사라진 불쾌한 느낌을 받게 될 것이고, 확실히 지구 바깥을 표류하고 있다는 두려움에 빠질 것이다.

여기에 아인슈타인은 한 가지 재미있는 설정을 추가했다. 이제 우주 공간을 둥둥 떠다니던 엘리베이터에 끈을 연결해서 빠르게 위로 끌고 올라간다고 생각해 보자. 이때 안에 타고 있는 사람은 어떤 일을 경험하게 될까? 엘리베이터 바닥이 함께 위로 끌려가면서, 그 안에 둥둥 떠다니고 있던 당신의 몸을 밀고 올라가기 시작한다. 그러면서 당신은 마치 몸의 하중이 엘리베이터 바닥으로 쏠리는 듯한 느낌을 받게 된다. 엘리베이터의 가속도를 절묘하게 조절할 수만 있다면, 그 안에 타고 있는 사람은 마치 실제 지구 중력이 작용하고 있다고 착각할 수 있다. 그리고 빠르게 위로 올라오며 자신의 몸을 떠받치는 엘리베이터 바닥을 딛고 일어설 수 있다.

이때 느끼는 감각은 가만히 멈춰 있던 버스가 갑자기 가속 페달을 밟고 빠르게 속도를 높이면 우리의 하중이 의자 뒤쪽으로 쏠리는 감각과 같다. 우리는 애초에 가만히 멈춰 있었기 때문에 계속 가만히 멈춰 있고 싶어 한다. 그런데 갑자기 버스가 속도를 높이면서 앞으로 나아가는 순간, 계속 원래 자리에 가만히 멈춰 있고 싶었던 우리의 몸이 뒤로 밀리는 듯한 느낌을 받는 것이다. 이처럼 모든 물체는 원래의 운동 상태를 유지하려는 성질을 갖는데, 이것을 관성이라고 한다. 그리고 관성이 작용할 때 받게 되는 힘을 관성력이라고 한다.

아인슈타인은 상상 속의 우주 엘리베이터를 활용한 사고 실험을 통해 놀라운 통찰력을 보여 주었다. 결국, 우리는 엘리베이터 안에 갇혀 있는 동안 자신이 실제 지구 위에 서 있는 건지, 무중력의 우주 공간에서 위로 빠르게 끌려 올라가고 있는 중인지 알 수 없다. 더 간단히 말해서, 중력과 관성력을 구분할 수 없다는 뜻이다.

아인슈타인은 중력과 관성력 간에는 본질적으로 차이가 없다는 사실을 보여 주었다. 다시 한번, 오랫동안 별개의 세계라고 생각했던 두 가지의 체계가 사실은 구분할 필요 없는 하나의 체계였다는 것을 보여 준 사건이다. 중력과 관성력이 본질적으로 같다는 것을 이야기하는 아인슈타인의 이러한 관점을 등가 원리라고 한다.

이 등가 원리는 오래전 갈릴레오가 입증한, 질량에 상관없이 모든 물체가 같은 속도로 떨어지는 이유도 설명한다. 물체가 외부에서 힘을 받았을 때 얼마나 빠르게 움직이게 될지를 결정하는 질량을 관성 질량이라고 한다. 같은 힘을 가하더라도 관성 질량이 가벼우면 물체는 더 빠르고 쉽게 위치를 바꾸지만, 관성 질량이 무거우면 물체는 굳건히 자리를 지키면서 느리게 움직인다.

높은 곳에 있는 물체를 떨어지게 만드는 힘은 곧 중력이다. 아인슈타인의 등가 원리에 따르면 중력을 느끼는 중력 질량이 곧 외부에서 힘을 받아 움직이는 관성 질량과 다를 이유가 없다. 애초에 관성력과 중력은 차이가 없기 때문이다.

중력은 '이것'을 휘게 만든다

아인슈타인의 등가 원리는 단순히 중력과 관성력이 구분되지 않는다는 수준에 머무르지 않는다. 더 중요한 것은 중력이 작용하는 세계와 관성력이 작용하는 세계에서 벌어지는 모든 물리 현상은 구분할 수 없다는 점이다.

다시 우주 엘리베이터에 갇혀 있는 당신의 모습을 상상해 보자. 당신은 어떻게 해서든 아인슈타인의 못된 장난을 벗어나고 싶다. 나름 잔머리를 굴린 당신은 엘리베이터가 지구 위에 있는지 아니면 우주 공간에서 빠르게 위로 끌려가고 있는지를 알아챌 수 있는 실험을 시도하기로 마음먹었다. 마침 주머니 안에 작은 구슬이 있고, 이제 당신은 구슬을 높이 들고 앞으로 던진다. 지구 위라면 구슬은 지구 중력에 이끌려 포물선을 그리며 바닥으로 떨어질 것이다. 우주 엘리베이터라면 어떨까?

만약 위로 끌려가지 않고 가만히 멈춰 있는 우주 엘리베이터라면, 당신이 앞으로 내던진 구슬은 수평으로 둥둥 떠서 일직선으로 날아갈 것이다. 그런데 만약 우주 엘리베이터가 위로 끌려가는 중이라면, 공이 수평으로 날아가는 동안 엘리베이터 자체가 위로 끌려가면서 바닥이 위로 올라올 것이다. 그러면서 구슬과 엘리베이터 바닥 사이 거리는 가까워질 것이다. 그 안에 타고 있는 당신이 보기에는 구슬이 바닥을 향해 포물선을 그리며 떨어지는 것처럼 보이게 된다.

당신이 아무리 다양한 속도로 구슬을 내던져도 당신은 결코 엘리베이터가 지구 위에 놓여 있는지, 우주 공간에서 빠르게 위로 끌려가고 있는지 구분할 수 없다. 이처럼 중력이 작용하는 세계와 관성력만 작용하는 세계에서 벌어지는 물리 현상은 본질적으로 구분할 수 없다.

　이제 좀 더 극단적인 상황을 상상해 보자. 이번엔 구슬을 던지는 게 아니라, 손전등을 켠다. 빛은 일직선으로 날아간다. 그런데 만약 우주 엘리베이터를 충분히 빠르게 위로 가속시키면서 끌고 올라간다면 어떨까? 빛이 일직선으로 나아가는 동안 빠르게 엘리베이터 바닥이 위로 올라오면서, 빛이 바닥에 닿을 수 있다. 그 모습을 우주 엘리베이터 안에 탄 채로 본다면 마치 바닥을 향해 빛이 휘어져 내려가는 것처럼 보일 것이다.

　앞서 말했듯이 아인슈타인의 등가 원리가 이야기하는 핵심은, 중력이 작용하는 세계와 관성력이 작용하는 세계 모두 물리 현상이 똑같이 벌어진다는 것이다. 위로 끌려가는 우주 엘리베이터, 즉 관성력이 작용하는 세계에서 빛이 휘어질 수 있다는 건 곧 중력이 작용하는 세계에서도 빛이 휘어질 수 있다는 사실을 이야기한다. 그렇다, 중력은 빛을 휘게 만든다! 이것이 바로 아인슈타인의 일반 상대성 이론이다.

빛을
휘게 만드는

우주의 신기루,
중력 렌즈

물리학자들은 빛이 항상 일직선으로 움직여야 한다고 생각했다. 빛은 항상 시간이 제일 적게 걸리는, 최단 시간의 경로를 따라가기 때문이다. 그런데 아인슈타인의 일반 상대성 이론은 중력에 의해 빛의 경로가 휘어질 수 있다고 이야기한다. 이를 설명할 수 있는 방법은 하나뿐이다. 빛이 날아가는 시공간이라는 무대 자체가 휘어지면 된다!

무대 자체가 휘어져 있다면 그 위를 곧게 날아가는 빛의 경로도 휘어져 움직이는 것처럼 보이게 된다. 즉, 아인슈타인의 일반 상대성 이론은 중력이 곧 시공간의 왜곡이라는 사실을 가리켰다. 지구도, 태양도, 심지어 우리의 작은 몸도 질량을 갖고 있다. 아인슈타인의 말이 맞다면, 이 모든 질량 덩어리들은 자신의 질량만큼 주변 시공간을 왜곡하고 있어야 한다.

그렇다면 아인슈타인의 주장이 사실인지 어떻게 확인할 수 있을까? 실제로 중력이 강한 물체 주변의 시공간이 휘어져 있는지, 휘어진 시공간을 따라 날아가는 빛의 경로가 휘어지는 것이 관측되는지 확인하면 된다.

다만 문제가 있었다. 아인슈타인의 일반 상대성 이론이 예측하는 시공간의 왜곡은 그 정도가 굉장히 미미했다. 엄밀하게 보면 당연히 우리 몸도 주변 시공간을 왜곡하고 있겠지만, 사실상 관측이 불가능할 정도였다. 이왕이면 질량이 아주 무거운 실험 도구가 필요하다. 예를 들면, 태양계에서 가장 무거운 질량을 갖고 있는 태양 정도는 되어야 했다.

개기일식 아래 입증된
아인슈타인의 이론

지구에서 태양 너머 아주 멀리 놓인 별을 바라보는 상황을 생각해보자. 만약 태양이 없는 밤하늘에서 별을 본다면, 우리는 그 별이 원래 놓여 있는 위치에서 오는 별빛을 본다. 그런데 만약 낮이 되고, 태양과 별이 마침 비슷한 방향에 놓이게 된다면 어떨까?

아인슈타인의 말이 맞다면 태양은 자신의 질량만큼 주변 시공간을 왜곡시키고, 태양 곁을 스쳐 지나온 별빛의 경로는 휘어진 상태로 지구에 도달해야 한다. 물론 지구에서 그 빛을 바라보는 우리는 빛의 경로가 휘어졌는지 알 수 없다. 대신 그 빛이 원래부터 곧게 날아왔을 것으로 생각하며, 지구에 들어온 별빛의 방향을 거꾸로 연장한 위치에 실제 별이 있으리라 착각한다. 하지만 이때 별이 보이는 위치는 실제 별이 놓여 있는 위치와 다른 곳에서 보이는 별의 허상이다.

이러한 현상은 마치 더운 여름날 아스팔트 위에 아른거리는 아지랑이 또는 사막의 신기루를 보는 일과 비슷하다. 뜨거운 공기는 밀도가 달라지고 빛이 굴절되게 만든다. 그래서 우리는 실제와 조금 다른 위치에서 사람들의 발과 오아시스의 허상을 보게 된다. 이처럼 중력도 빛의 경로를 휘게 만드는 렌즈와 같은 역할을 한다. 중력이 만든 신기루와 같은 이 현상을 가리켜 중력 렌즈라고 한다. 정말 태양은 자신 너머 멀리 숨어 있는 배경 별빛에 중력 렌즈 현상을 일으키고 있는 걸까? 별이 보이는 위치가 밤과 낮에 달라지는 것이 확인된다면 아인슈타인의 마법 같은 주장은 입증될 것이다.

그런데 큰 문제가 있다. 태양 주변에 보이는 별들의 겉보기 위치가 어떻게 달라지는지를 확인하기 위해서는, 해가 중천에 떠 있을 때 태양 바로 옆에 있는 별을 봐야 한다. 평소라면 불가능한 일이다. 그래서 천문학자 아서 에딩턴Arthur Eddington은 한 가지 잔머리를 굴렸다. 대낮인데도 태양이 달 뒤에 숨어서, 낮 하늘이 잠시 밤하늘처럼 깜깜하게 변하는 운 좋은 순간이 있다는 점을 떠올린 것이다. 바로 개기일식이었다. 에딩턴은 개기일식이 절정에 이르는 동안 태양 주변에 보이는 별들의 위치를 관측해서 평소 밤하늘에서 관측되는 별들의 위치와 비교한다면 아인슈타인이 말한 일반 상대성 이론과 그로 인한 중력 렌즈 효과를 입증할 수 있을 거라고 생각했다.

긴 기다림 끝에 1919년, 남아메리카와 아프리카 일대에 개기일식이 찾아왔다. 에딩턴은 두 팀의 원정대를 보냈고, 각 팀은 무더운 밀림 속에서 개기일식을 꼼꼼하게 관측했다. 달이 태양을 가리고 그 주변에 숨어 있던 희미한 별빛이 드러난 순간, 별빛은 밤하늘에서 관측한 것과 조금 다른 위치에서 나타났다. 게다가 별들은 정확히 아인슈타인의 일반 상대성 이론이 예측했던 그 위치에서 빛나고 있었다. 태양은 정말 자신의 중력으로 주변에 지나가는 별빛을 휘게 만드는 렌즈 역할을 하고 있었다.

거대한 우주의 비밀을
파헤치는 열쇠

아인슈타인의 일반 상대성 이론을 조금이나마 쉽게 상상할 수 있는 좋은 방법이 있다. 우주 시공간을 넓게 펼쳐진 고무 매트리스라고 생각해 보는 것이다. 그 위에 무거운 볼링공이 하나 올라가면, 매트리스는 볼링공 쪽으로 움푹하게 들어간다. 이제 볼링공 곁에 작은 구슬을 하나 더 올려 보자. 그러면 구슬은 휘어진 매트리스의 곡률을 따라 볼링공 쪽으로 굴러갈 것이다.

우리는 시공간의 왜곡된 모습을 눈으로 볼 수 없다. 우리가 볼 수 있는 것은 단지 그 시공간에 존재하는 크고 작은 천체들, 볼링공과 구슬뿐이다. 매트리스를 보지 못하는 상황에서 우리에게는 작은 구슬이 볼링공 쪽으로 끌려가는 것처럼 보이게 된다. 마치 볼링공이 구슬을 끌어당기고 있는 것처럼 말이다. 아인슈타인은 이것이 바로 중력의 본질이라고 생각했다. 멀리 떨어진 두 물체가 서로 신비로운 힘을 주고받는 것이 아니라, 단지 각 물체의 질량만큼 왜곡된 시공간 곡률에 의해 중력이 작동하는 것처럼 보일 뿐이라는 뜻이다. 중력은 존재하지 않는다. 단지 왜곡된 시공간의 곡률만 있을 뿐이다.

이제 중력의 신기루, 중력 렌즈는 태양계 너머 거대한 우주의 비밀을 파헤치는 가장 중요한 도구로 쓰이고 있다. 수백, 수천 개의 은하가 한데 모여 있는 은하단은 그 질량도 어마어마하다. 당연히 주변 시공간을 더 극적으로 왜곡하고 있다. 비교적 가까운 거리에 놓인 육중한 은하단은 은하 너머 더 먼 거리에 떨어진 희미한 우주의 빛을 들여다 볼 수 있게 해 주는 좋은 도구가 된다.

남반구 화로자리 방향에 위치한 은하 GAL-CLUS-022058s를 허블 우주 망원경으로 관측한 사진. 가운데 둥글게 왜곡된 은하의 모습이 보인다. 이 현장은 가장 극적인 중력 렌즈 이미지를 볼 수 있는 곳 중 하나다.

갈릴레오가 렌즈를 겹쳐서 먼 우주를 바라봤듯이, 우리는 이미 우주에 존재하는 거대한 중력 렌즈를 통해 그 너머의 먼 우주를 들여다보고 있다. 제임스 웹 우주 망원경으로 관측한 우주 사진에는 이제 중력 렌즈가 심심치 않게 등장한다. 사진 구석구석에 길게 일그러지고 찌그러진 이상한 은하들의 허상이 잔뜩 담겨 있다. 모두 빅뱅 직후 얼마 지나지 않은 순간을 간직한 빛들이, 우리를 향해 날아오다가 육중한 은하단을 통과하면서 왜곡되고 휘어지며 만들어진 허상이다.

우리는
중력파 덕분에

우주를 만지고
느낄 수 있다

잔잔한 호수 위에 무거운 나룻배 하나가 가만히 정박해 있다면, 그 주변의 수면은 살짝 오목하게 들어간다. 그리고 나룻배가 천천히 움직이면, 그 주변으로 뚜렷한 파문이 퍼져 나간다. 이는 우주에도 똑같이 적용되는데, 우주의 모든 천체는 주변 시공간을 왜곡하면서 동시에 우주를 부유한다. 모든 존재는 우주 공간에 크고 작은 파문을 일으키고 있다. 이렇게 만들어지는 중력의 파도를 중력파라고 한다.

    사실 아인슈타인도 중력파가 우주 곳곳에 퍼져 있을 것으로 예측했다. 다만, 그 파도가 너무 미미해서 인류의 관측 기기로 확인하기란 거의 불가능할 것이라 예견했을 뿐이었다. 중력파는 오랫동안 아인슈타인의 일반 상대성 이론에서 실제로 그 존재가 확인되지 않은 마지막 숙제였다. 우주는 오랫동안 중력파의 파문을 쉽게 들려주지 않았다.

별들의 왈츠 속에서
중력파를 감지하다

별과 은하들은 마치 물속을 헤엄치는 물고기처럼 시공간을 헤엄친다. 그리고 주변에 중력파라는 미미한 파도를 일으킨다. 짝짓기를 시작한 물고기 두 마리가 서로의 곁을 맴돌면서 구애의 춤을 춘다고 생각해 보자. 그 춤은 주변에 둥글게 파문을 일으킬 것이다. 하지만 물고기로부터 멀어질수록 파문은 점점 미미해지고 수면은 잔잔해진다. 물고기로부터 멀리 떨어져 있다면 눈치챌 수 없을 정도로 말이다. 하지만 아주 민감한 낚싯바늘이라면, 그 작은 떨림을 감지해서 저 먼 망망대해 한복판에서 왈츠를 추고 있는 물고기의 존재를 알아챌 수 있을지 모른다.

1973년 천문학자 러셀 헐스Russell Hulse는 동료 조셉 테일러 Joseph Taylor와 함께 그 미미한 떨림을 감지했다. 그들에게는 지름 300m짜리의 아주 거대한 낚싯바늘이 있었기 때문이다. 푸에르토리코 산꼭대기에 있는 거대한 밥그릇 모양의 아레시보 전파 망원경을 활용해, 그들은 펄사 PSR b1913+16을 관측했다.

펄사란 일정한 리듬으로 펄스 신호처럼 빛을 내보내는 천체를 말한다. 이 펄사는 진화를 마친 중성자별이 중심축을 따라 위아래로 막대한 에너지를 토해 낼 때 만들어진다. 그런데 이들이 발견한 중성자별은 혼자가 아니었다. 그 곁에는 다른 육중한 별이 함께했고, 두 별은 서로의 중력에 붙잡힌 채 아슬아슬한 왈츠를 췄다. 펄사를 이루는 중성자별은 1초에 17바퀴를 도는 빠른 속도로 자전했다. 그리고 곁의 동반성과 함께 서로의 곁을 7시간 40분 주기로 공전했다. 그 과정에서 둘은 주변 시공간에 중력파의 떨림을 퍼뜨리면서 점차 지쳐 갔고, 서서히 왈츠의 속도도 느려졌다.

헐스와 테일러는 펄사에서 포착되는 빛의 리듬이 조금씩 느려지는 것을 발견했다. 펄사는 약 8시간에 걸쳐 천천히 주기가 느려졌다. 두 별이 지쳐 가는 모습을 확인한 것이다. 그리고 두 별이 지쳐 가는 속도는 정확히, 두 별이 주변 시공간에 중력파를 퍼뜨리고 있다고 가정했을 때 예측할 수 있는 속도와 일치했다. 이것은 중력파라는 아인슈타인의 미완성 교향곡의 마지막 페이지를 드디어 완성할 수 있는 첫 번째 계기를 마련했다.

동반성과 함께 서로의 곁을 맴돌며 에너지 제트를 뿜어내는 펄사의 모습을 표현한 그림. 주변 시공간에 중력파가 퍼져 나간다.

두 블랙홀의 충돌이 남긴
강렬한 흔적

하지만 이것만으로는 부족했다. 중력파라는 떨림 자체를 포착한 것은 아니었으니 말이다. 물리학자들은 직접 시공간의 떨림을 감지할 수 있는 진짜 부표가 필요했다.

바다 위에 부표를 띄워 놓으면 각 부표 사이 거리가 어떻게 달라지는지를 통해 수면이 얼마나 출렁이고 있는지를 알 수 있다. 이와 같은 방식으로 시공간의 떨림을 파악하기 위해 그들은 거대한 우주 어망, 레이저 간섭계 중력파 검출기Laser Interferometer Gravitational-Wave Observatory를 설치했다. 이 장황한 이름은 줄여서 LIGO라고도 부른다.

LIGO는 이렇게 작동한다. 땅 밑에 길이 4km로 곧게 뻗은 진공 파이프 두 개가 L자 모양으로 매설되어 있다. 그리고 그 끝에는 세상에서 가장 매끈한 거울이 달려 있다. 파이프의 한쪽 끝에서 각 파이프 끝에 걸린 거울을 향해 레이저를 발사하면 거울에 반사된 레이저는 다시 출발 지점으로 돌아와 설치된 검출기에 도달한다. 만약 중력파가 검출기를 휩쓸고 지나가지 않는다면, 파이프를 따라 날아갔다가 되돌아오는 두 레이저 빛의 이동 거리는 정확히 일치할 것이다. 따라서 레이저의 빛이 진동하는 파형을 비교했을 때, 두 빛이 정확히 같은 파형으로 진동해야 한다.

미국 루이지애나에 위치한 LIGO 리빙스턴 관측소의 모습.

그런데 만약 중력파가 휩쓸고 지나가면서 파이프와 지구를 포함한 시공간 자체를 출렁이게 만든다면 어떨까? 두 파이프 중 하나의 길이가 아주 살짝 길어지고 짧아지는 변화를 겪을 것이다. 그 결과 각 파이프를 따라 레이저가 날아갔다가 되돌아오는 전체 이동 거리에 미세한 차이가 생기고, 두 빛의 파형에도 아주 작은 차이가 생긴다.*

 LIGO가 완공된 이후로도 한동안 검출기는 아무런 소식이 없었다. 그러다 2015년, 모두를 놀라게 한 사건이 벌어졌다. 2015년 9월 14일, LIGO의 검출기에서 미세한 떨림이 감지된 것이다. LIGO는 미국 동부와 서부 두 곳에 하나씩 설치되어 있다. 하나는 루이지애나주 리빙스턴 검출기, 다른 하나는 워싱턴주 핸퍼드 검출기다. 미국 대륙을 가로질러 약 3,500km 거리에 떨어진 두 곳 모두에서 정확히 같은 형태의 신호가 검출되었다. 이것은 단순히 노이즈가 아니라는 의미였다. 무언가 지구를 통째로 삼킬 만큼 거대한 규모의 파문이 지구를 휩쓸고 지나갔고, 지구 위에 설치했던 우주 부표 두 곳 모두에서 동일한 형태의 파문이 감지되었다. 우주 시공간이 정말로 출렁이고 있었던 것이다.

 2015년 9월 14일 포착된 중력파라는 뜻에서 이 신호는 공식적으로 GW150914라고 불린다. 천문학자들은 이 신호가 날아온 방향을 추적했다. 약 13억 광년 거리에 놓인 두 블랙홀이 서로의 곁을 맴돌다가 결국 하나로 충돌하는 순간, 퍼져 나온 시공간의 파문이 13억 년을 가로질러 날아온 끝에 운 좋게 우리에게 흔적을 남겼던 것으로 보인다.

• 참고로 이 놀라운 기술 덕분에 LIGO는 세상에서 가장 민감한 지진계가 되었다. 어느 정도냐 하면, 지구에서 가장 가까운 4.3광년 거리에 놓인 별, 프록시마 센타우리에서 사람 머리카락 두께 만한 미세한 거리 차이를 감지할 정도다.

당시 만들어진 중력파는 각각 태양 질량의 36배, 29배 질량을 갖고 있는 두 블랙홀 간 충돌의 결과였다. 두 블랙홀이 하나로 합쳐지면서 태양 질량의 62배에 달하는 블랙홀이 만들어졌다. 간단한 산수를 해보면 36에 29를 더한 65에 비해 3만큼 전체 질량이 줄어들었다는 것을 알 수 있는데, 바로 이때 사라진 일부 질량이 주변 시공간에 파문을 일으키는 에너지로 변환된 것이다.

LIGO의 중력파 사냥은 이제 시작이다. 처음이 어려울 뿐, 그다음은 어렵지 않다. 첫 번째 발견 이후로, 중력파 검출기는 중력파로 의심되는 후보 신호를 꽤나 심심치 않게 발견해 왔다. 우주는 수많은 천체가 남긴 크고 작은 파문으로 출렁이는, 참으로 바다와 같은 세계였다.

물론 우리가 가진 부표에도 아직은 한계가 있다. 블랙홀 정도는 되는 무거운 고래가 남긴 중력파여야 겨우 감지할 수 있기 때문이다. 그보다 더 작고 미미한, 송사리 같은 물고기가 일으킨 파문은 아직 감지하지 못한다. 우리 곁에는 블랙홀처럼 무거운 존재보다는 훨씬 작은 별과 행성이 더 많다. 이런 미세한 파문을 감지하기 위해서는, 더 거대한 규모의 예민한 그물망이 필요하다.

그래서 천문학자들은 LIGO를 초월하는 훨씬 거대한 규모의 우주 그물망을 띄워 올리는 계획을 세우고 있다. 우주 부표를 지구에 짓는다면, 결국 지구 크기로 제한된다. 그래서 아예 지구 바깥 우주 공간에 지구 지름보다 더 거대한 규모의 우주 그물망을 띄워 올리려 한다. 가까운 미래 우주에 올라갈 레이저 간섭계 우주 안테나Laser Interferometer Space Antenna, LISA는 우리 주변에서 오래전부터 출렁이고 있던 작은 송사리들의 물결을 감지할 것이다.

**우리는 이제 빛 대신
중력을 '본다'**

그동안 우리는 가시광선 너머, 눈으로 볼 수 없는 다양한 파장의 빛으로 우주를 바라보는 다중 파장 관측을 통해 우주의 진가를 탐색했다. 하지만 이제는 이 고전적인 빛 너머, 전례 없는 새로운 종류의 파동으로 우주를 들여다보기 시작했다. 우리는 이제 빛이 아닌 중력파를 통해 우주가 들려주는 떨림에 귀를 기울인다.

오래전 중력은 단순히 공간을 가로질러 멀리 떨어진 두 물체가 서로를 끌어당기는 신비로운 힘에 불과했다. 뉴턴 시대에 우주 시공간은 물체와 상관없이 그저 원래 덩그러니 존재하는 단단한 무대와 같은 세계였다. 하지만 아인슈타인은 시공간을 바다로 만들었다. 우리는 마치 물속에서 춤을 추는 물고기들처럼, 우리의 존재와 움직임 하나하나가 시공간에 크고 작은 파문을 일으키는 우주를 살고 있다.

중력은 이제 단순히 힘의 한 종류가 아니다. 우주를 만지고 느낄 수 있게 해 주는 새로운 종류의 빛, 아니 새로운 종류의 파동이 되었다. 중력파 망원경이 탄생한다면 우리는 우주 곳곳에 퍼져 나가는 중력의 물살을 타고 파도타기를 하게 될 것이다. 힘을 느끼는 것을 넘어 그 힘을 보는 존재가 되는 것이다.

나는 과학의 발전이 단순히 과학의 영역을 넘어, 음악과 문학 등 다양한 분야에서 우리의 관점을 크게 바꿀 수 있다고 생각한다. 중력파의 존재를 알기 전까지, '중력을 본다'라는 표현은 지극히 공감각적이고 문학적인 표현이었을 것이다. 중력은 본래 시각적 감각이 아니라고 생각했을 테니 말이다. 하지만 이제 우리는 정말 중력을 볼 수 있는 세상을 살게 되었다. '중력을 본다'라는 표현은 더 이상 문학적인 표현이 아니다. 우주의 현실을 있는 그대로 표현하는 과학적인 표현이다. 이제 우리는 중력을 본다. 시인이 아닌 천문학자로서 하는 말이다.

5장

텅 빈 공간을 채운
보이지 않는 힘

비어 있는
우주를

상상하지 못했던
사람들

유니콘은 존재할까? 이 질문에는 모두가 같은 대답을 할 것이다. 유니콘은 우리들의 상상 속에서만 산다. 머리에 뿔이 하나 달려 있는 유니콘의 모습은 1세기 로마 제국의 대 플리니우스가 남긴 인도 코뿔소에 대한 묘사가 와전되면서 만들어진 것으로 추정한다. 지금껏 유니콘이 발견된 적은 없지만, 수천 년 동안 우리들의 상상 속에서 멸종하지 않고 살아남은 끈질긴 동물이다.

심지어 유니콘이 어딘가 숨어 있으리라고 생각하며, 허상 속의 유니콘을 찾아 나선 이들도 있었다. 헛웃음이 나오는 일이라고 생각하겠지만, 1672년에는 독일에서 유니콘의 흔적이 발견되기도 했다. 당시 독일의 마그데부르크 시장이었던 오토 폰 게리케

Otto von Guericke는 독일 북서부 하르츠 산맥의 한 동굴에서 벌어진 일에 대한 기사를 썼다. 동굴에서는 한데 모여 있는 동물의 유골들이 발견되었다. 비록 지금은 유골이 남아 있지 않지만, 당시 동굴을 방문했던 수많은 사람들이 남긴 그림으로 그 기록이 남아 있다. 게리케는 동굴에서 발견된 유골을 이리저리 조합해 이마에 기다란 뿔을 달고 있는 요상한 괴물의 형체를 완성했는데, 이를 근거로 이 유골의 주인공이 전설 속의 유니콘이라고 주장했다. 그 소식에 많은 사람들이 유니콘의 뼈를 갈아 약으로 달여 먹기 위해 동굴을 방문하기까지 했다.

하지만 이후 1870년대에 추가 발굴 작업이 진행되면서, 동굴 안에서 발견된 유골들은 매머드, 곰, 동굴사자와 늑대를 비롯해 오래전 사라진 70종 이상의 다양한 동물들의 것이라는 사실이 밝혀졌다. 남아 있는 그림 기록을 통해 유추해 보면, 당시 게리케는 매머드의 두 다리뼈 위에 털북숭이 코뿔소의 머리뼈를 얹고, 그 위에 기다란 일각고래의 뿔을 달아 유니콘을 만들었던 것으로 보인다. 게리케의 유니콘 발굴 사건은 역사상 최악의 해부학 사건으로 손꼽힌다. 그렇게 꼬리가 잡힌 줄만 알았던 유니콘은 다시 유령이 되어 사라졌다.

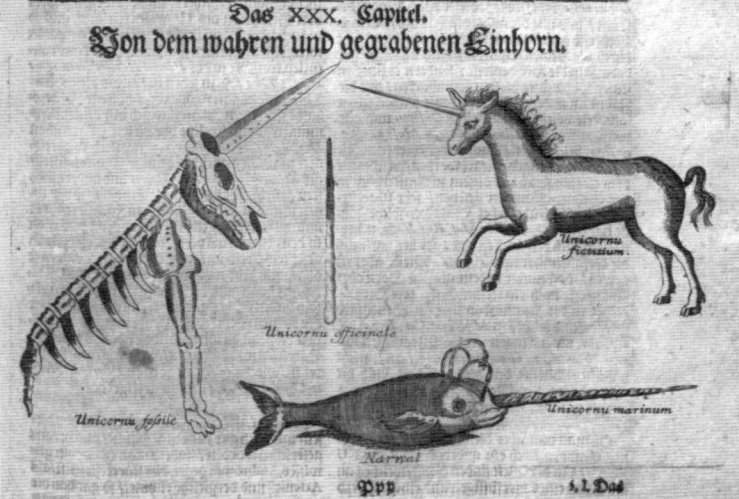

얼굴에 뿔이 하나만 달려 있는 동물을 소개하는 페이지에서 유니콘 화석을 소개하고 있다.

사람들이 뒤쫓았던
또 하나의 유령

게리케가 쫓았던 유령은 유니콘뿐만이 아니었다. 그가 뒤쫓았던 또 다른 유령은 바로 진공이었다. 오랫동안 사람들은 아무것도 채워져 있지 않은 공간, 즉 진공이라는 개념을 혼란스러워했다. 텅 빈 공간이 생기면 곧바로 다른 물질이 그 틈을 비집고 흘러들어오기 때문에, 아무것도 없는 진공 상태는 사실상 유지될 수 없다고 생각했다. 하지만 게리케는 자신이 직접 개발한 진공 펌프를 활용해, 진공의 힘을 몸소 보여 주었다.

1654년, 독일의 레겐스부르크에 사람들이 모였다. 그곳에는 신성 로마 제국의 황제, 페르디난트 3세도 있었다. 황제 앞에서 게리케는 지름 50cm의 둥근 금속 반구를 선보였다. 반구 두 개를 맞붙여서 둥근 구를 만든 다음 자신이 만든 진공 펌프로 내부를 거의 완벽한 진공 상태로 만든 것이다. 그러자 아무리 힘을 줘도 맞붙어 있는 반구를 떼어 낼 수 없었다. 심지어 양쪽 끝에 줄을 매달고, 열다섯 마리의 말들이 잡아당겼는데도 꼼짝하지 않았다. 양쪽에 열다섯 마리씩, 총 서른 마리나 되는 말의 힘으로도 떼어 낼 수 없을 정도로 두 개의 반구는 찰싹 달라붙어 있었다. 사람들은 텅 비어 있는 작은 구 하나 떼어 내지 못한 채 낑낑대는 말의 모습을 보며 놀라워했다.

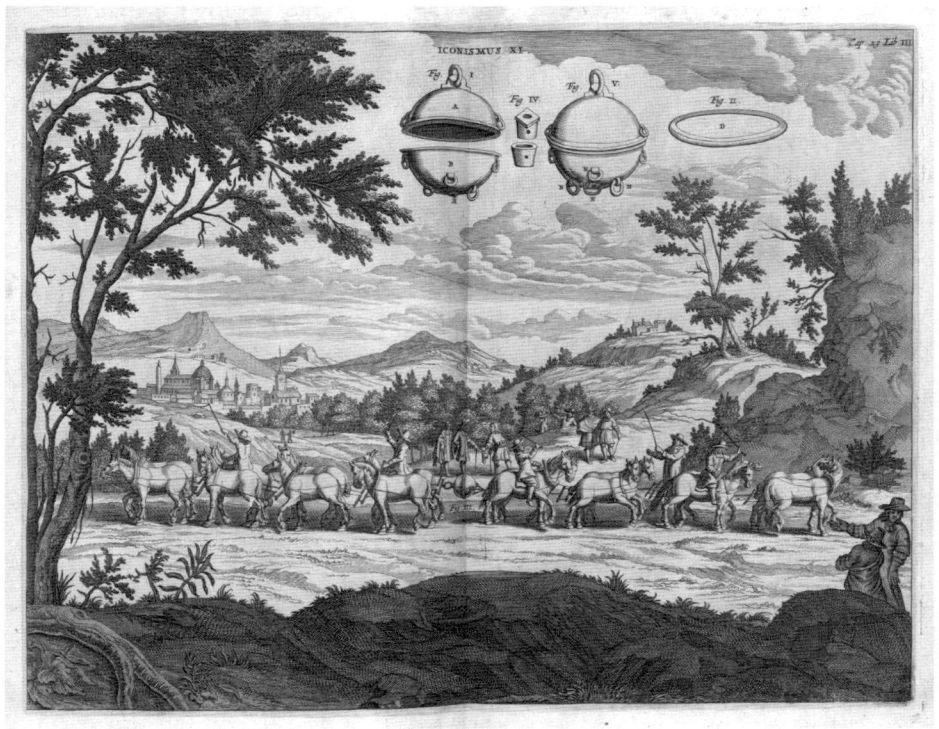

마그데부르크 반구 실험 당시 장면을 묘사한 그림.

　사실 엄밀하게 봤을 때, 게리케가 보여 준 건 진공의 위력이라기보다는 연약함이었다. 공기 분자로 가득 찬 지구 대기의 압력이 속이 텅 빈 반구를 짓눌렀던 것이다. 우리는 태어날 때부터 지구의 대기압 아래에서 살아가기 때문에 그 위력을 체감하지 못하지만, 사실 대기의 힘은 어마어마하다. 서른 마리의 말이 몸부림쳐도 진공을 품은 반구를 떼어 낼 수 없을 정도다. 어쨌거나 고작 금속 반구 하나 떼어 내지 못해 낑낑거리는 말들의 모습을 보며 수근거리던 군중들 속에서, 게리케는 오랫동안 전설 속에서만 전해 내려오던 진공이라는 유령을 반구 안에 가두는 데 성공했다.

아리스토텔레스는 왜 진공을 미워했나

진공은 오랫동안 인류에게 가장 미스터리한 개념이었다. 있는 것이 아니라 없는 것을 표현하기 때문이다. 1에서 9까지 다른 숫자들과 달리 '없음'을 나타내는 숫자 0이 한참 뒤늦게 탄생한 이유도 이 때문일 것이다. 오랫동안 인류는 진공을 거부했다. 아무것도 없는 텅 빈 상태가 가능할 리 없다고 생각했고, 계속해서 진공에 다른 무언가를 채워 넣으려고 했다.

진공이라는 개념은 기원전 420년경, 그리스 철학자 데모크리토스가 처음 언급했다. 그는 모든 물질에는 더 이상 작게 쪼갤 수 없는 한계가 있다고 생각했다. 우주의 만물을 이루는 가장 작은 단위인 이것은 새롭게 창조되지도 않고, 완전히 소멸하지도 않는다. 그리스어로 '토모스τομή'는 '자르다'라는 뜻을 갖고 있는데, 여기에 더 이상 자를 수 없다는 뜻에서 부정관사 'a'를 붙여 '아토모스ἄτομος'라고 불렀다. 여기에서 원자, 즉 아톰atom이라는 표현이 만들어졌다.* 데모크리토스는 원자와 원자 사이는 아무것도 없는 텅 빈 공간이라고 생각했고, 바로 이것을 진공으로 정의했다. 그는 수많은 원자들이 무한한 진공 속을 빠르게 움직이고 있을 것이라 생각했다.

하지만 아리스토텔레스는 이러한 생각에 동의하지 않았다. 그는 더 이상 작게 쪼개지지 않는 기본 입자나 알갱이 따위는 없다고 생각했다. 모든 건 끊임없이 작게 쪼갤 수 있어야 하고, 우주는 빈 틈 없이 물질로 채워져 있다고 생각했다. 아리스토텔레스가 진공을 인정하지 않았던 데는 나름의 이유가 있다. 그는 물체의 움직임에 관심이 많았다. 아리스토텔레스는 물체가 움직이도록 힘을 주기 위해서는 반드시 접촉해야 한다고 생각했다. 바위를 밀려면 손바닥이 바위에 닿아야 하듯이 말이다.

아리스토텔레스의 관점으로 봤을 때 진공에서는 힘이 전달되지 못한다. 사이에 아무것도 연결되지 않은 채 멀리 동떨어진 두 물체가 원격으로 힘을 주고받을 수는 없을 것이었다. 그런데 이 세상에 있는 모든 것은 움직인다. 하늘에 떠 있는 별과 달을 포함해 끊임없이 움직이는 것들로 가득 찬 우주를 바라보며, 아리스토텔

• 오늘날 물리학자들은 원자도 더 작게 쪼갤 수 있다는 사실을 잘 알고 있다. 원자는 더 작은 양성자, 중성자, 전자로 이루어져 있고, 그마저도 더 작은 쿼크로 이루어져 있다. 쿼크도 더 작게 쪼갤 수 있을까? 아직은 밝혀지지 않았다.

레스는 우주가 텅 빈 공간 없이 모두 물질로 채워져 있다고 보았다. 그의 우주에 진공은 허용되지 않았다.

이러한 아리스토텔레스의 강경한 관점은 훗날 뉴턴의 중력 이론이 오랫동안 받아들여지지 못하게 하는 치명적인 방해 요소가 되기도 했다. 뉴턴의 중력 이론은 전혀 맞닿아 있지 않은 채 멀리 떨어진 두 천체가 서로를 끌어당기는 신비로운 힘을 주고받는다는 이야기였기 때문이다.

"자연은 진공을 싫어한다."

_아리스토텔레스

아리스토텔레스는 모든 물체가 매질 속을 움직인다고 생각했다. 매질의 밀도에 따라 물체의 속도도 달라진다. 구슬이 공기보다 물 속에서 더 천천히 떨어지는 것을 보며, 그는 밀도가 높은 매질을 통과할 때 물체의 속도는 더 느려지며 물체가 움직이는 속도가 매질의 밀도에 반비례한다고 생각했다. 바꿔 말하면 매질의 밀도가 작아질수록 그 속을 가로질러 움직이는 물체의 속도는 오히려 더 빨라져야 한다. 이러한 논리를 따라가며 아리스토텔레스는 진공 속에서는 모든 물체가 결국 무한대의 속도에 도달할 것이며, 이것은 말이 되지 않는 이야기라고 주장했다.

아리스토텔레스는 진공 상태가 유지될 수 없는 이유에 대해 이렇게 설명했다. 돌이 공기를 밀어내면서 앞으로 나아가면 그 뒤에는 빈틈이 생긴다. 하지만 돌이 밀어낸 공기가 곧바로 돌의 뒤쪽으로 돌아 그 빈틈을 채워 버리고, 그 공기는 다시 돌을 밀어낼 것이다. 자연이 진공을 미워할 것이라는 그의 격언은 수천 년 동안 인류의 머릿속에 있는 우주 공간의 모든 빈틈을 메워 버렸다.

우주의
빈틈에는

대체
무엇이 있을까?

진공을 인정할 수 없다면, 대체 저 광활한 우주 공간을 무엇으로 채워야 할까? 아리스토텔레스의 스승이었던 플라톤은 그것을 에테르Aether라고 불렀다. 이것은 오랫동안 플라톤이 이야기했던 지상 세계를 이루는 네 가지 기본 물질(불, 공기, 물, 흙)과 본질적으로 달랐다. 땅 위의 존재는 선형적인 움직임을 보이지만, 하늘의 천체는 원형의 움직임을 보인다. 플라톤은 우주의 구성 물질이 본질적으로 지상과 다를 거라 생각했다. 뜨겁지도, 차갑지도, 젖지도, 마르지도 않는 그저 우주 공간을 채우고 있는 극단적으로 투명한 무언가가 있다고 생각했고, 그것이 에테르였다.

　기존의 사원소를 넘어선 새로운 천상의 물질이기 때문에, 에테르는 다섯 번째 원소라는 뜻에서 퀸테센스Quintessence라고도 불렸다. 그렇게 우주의 거대한 공허 속에 인류는 상상 속의 유령, 에테르를 부어 넣었다. 진공을 싫어한 건 자연뿐만이 아니었다. 설명할 수 없는 빈틈을 가만히 내버려두지 않는 건 인간의 마음도 마찬가지였다.

우주 공간을 채우고 있는
빛나는 유령

17세기 물리학자들 사이에서 빛의 본질에 대한 고민이 이어지면서, 다시 한 번 에테르가 거론되기 시작했다. 네덜란드의 천문학자 크리스티안 하위헌스Christiaan Huygens는 빛이 파동이라고 생각했다. 목소리가 공기를 타고 퍼지듯이, 빛도 우주 공간을 가로질러 물결치며 퍼진다고 생각한 것이다.

그런데 문제가 있었다. 그렇다면 빛은 대체 무엇을 매질로 삼고 있는 걸까? 얼핏 생각하면 공기가 빛의 매질이 될 수 있지 않을까 싶지만, 그건 답이 되지 않는다. 우리는 별빛을 본다. 별은 분명 지구의 하늘 너머 먼 거리에 떨어져 있고, 우주 공간에는 공기가 없다. 그런데도 그 먼 거리의 별빛이 우리의 눈동자까지 도달한다는 건, 공기가 아닌 또 다른 무언가로 우주 공간이 채워져 있다는 뜻이었다. 하위헌스는 그 정체를 오래전 플라톤과 아리스토텔레스가 이야기했던 에테르에서 찾았다. 그는 우주 공간을 가득 채우고 있을 가상의 빛의 매질을 '빛나는 에테르Luminiferous aether'라고 불렀다.

그런데 에테르는 시간이 흐르면서, 더욱 이해할 수 없는 이상한 유령으로 변해 갔다. 당시 물리학자들이 기대했던 에테르의 특성을 정리해 보면 다음과 같다. 우선 에테르는 우주 공간을 가득 채우고 있는 일종의 유체다. 그런데 또 에테르는 아주 짧은 파장으로 빠르게 진동하며 빛을 퍼뜨리는 매질의 역할을 해야 한다. 그러기 위해서 에테르는 단순히 물이나 기름 정도의 밀도로는 부족하고, 적어도 강철의 수백만 배 이상으로 단단해야 한다. 그래야만 빛의 빠른 진동을 버틸 수 있기 때문이다.

또 그렇다면 매우 무겁고 찐득해야 하는데, 에테르는 그럴 수 없었다. 만약 에테르가 무겁고 찐득한 점성을 갖고 있다면 그 속을 움직이는 별과 행성이 빠르게 느려져야 하기 때문이다. 하지만 천체들의 궤도는 에테르의 영향을 거의 받지 않는 것처럼 보였다. 게다가 에테르는 맑고 투명해야 했는데, 아주 먼 거리에 떨어진 별빛을 가리지 않고 선명하게 보여 주기 때문이다.

정리하자면 오랫동안 물리학자들이 상상한 존재, 에테르는 완벽하게 맑고 투명하며 굉장히 단단한 강도를 갖고 있지만 동시에 질량도, 점성도 없는 신비한 유체여야 했다. 이처럼 에테르는 정체

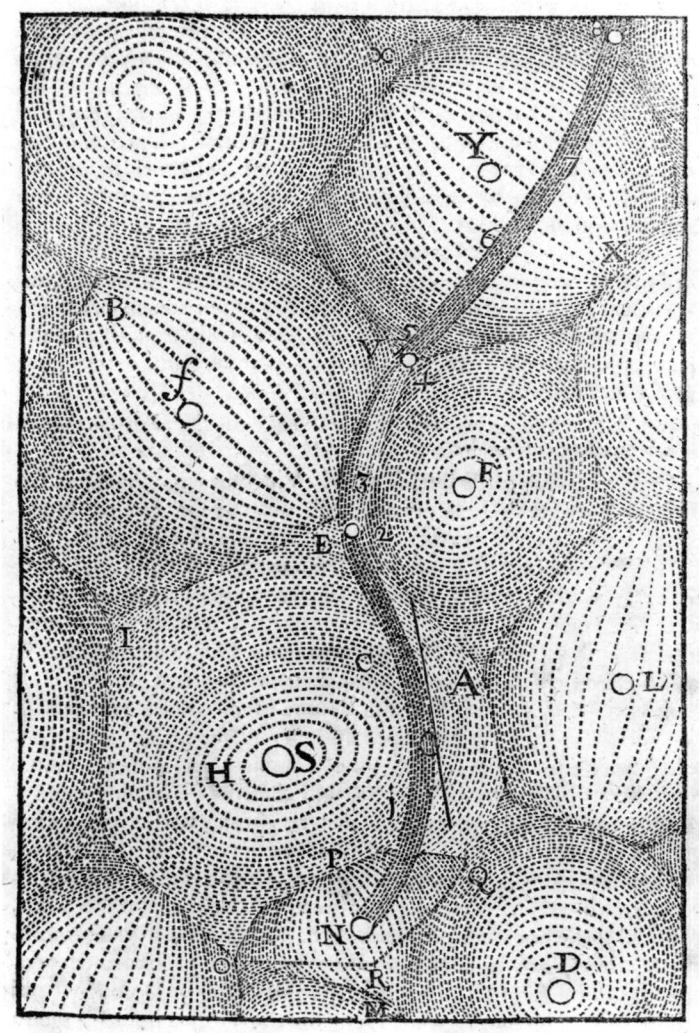

데카르트는 빛나는 에테르 가설에 기반해, 우주 공간이 소용돌이치는 에테르로 채워져 있을 거라는 가설을 제시했다.

를 전혀 알 수 없는 이상한 존재였다. 에테르는 유령이 되고 있었다. 이제 우주의 공허는 유령으로 가득 찼다.

**에테르를 사냥하기 위한
야심 찬 계획**

놀랍게도 기원전 고대 그리스의 철학자가 만든 에테르라는 유령은 20세기 초까지 적지 않은 물리학자들의 마음속에 함께했다. 이렇게 오래도록 살아남은 유령이 또 있을까? 1887년이 되어서야 비로소 에테르 가설은 위기의 갈림길에 놓였다. 에테르를 사냥하겠다는 야심 찬 고스트 버스터가 등장했기 때문이다.

우주가 에테르로 채워져 있다면 지구는 에테르라는 바다를 헤엄치는 물고기와 같을 것이다. 지구는 약 30km/s의 속도로 태양 주위를 돌고 있기 때문이다. 당연하게도 지구는 공전하는 동안 에테르의 맞바람을 느끼게 된다. 또, 지구가 향하는 방향이 계절마다 달라지기 때문에 자연스럽게 계절에 따라 지구에서 맞게 되는 에테르의 맞바람 방향도 달라질 수 있다. 에테르의 중요한 역할은 빛을 퍼뜨리는 매질이라는 것이다. 에테르의 바닷속에서 움직이는 지구상의 인간이 에테르를 타고 퍼지는 빛을 바라본다면, 지구가 어떤 방향으로 움직이는지에 따라 지구에서 느끼게 되는 빛의 속도도 달라져야 한다.

바다 위를 흘러가는 배의 모습을 떠올려 보자. 배와 나란히 움직이며 바라보는지, 수직 방향으로 다가가면서 바라보는지에 따라 느껴지는 배의 속도는 다를 것이다. 보는 방향에 따라 빛의 속도가 다르게 측정되는지만 확인할 수 있다면, 에테르의 존재뿐 아니라 오랫동안 베일에 싸여있던 '빛나는 에테르'의 밀도와 점성 등 다양한 성질을 파악할 수 있을지도 몰랐다.

미군 해군사관학교에서 강의를 하고 있던 물리학자 앨버트 마이컬슨Albert Michelson은 이 참신한 아이디어를 바탕으로 에테르를 잡기 위한 유령 사냥 장치를 고안했다. 마이컬슨은 램프에 불을 붙였다. 그리고 램프 앞에는 절반을 은으로 도금한 거울을 45도 각도로 비스듬하게 세웠다. 이 거울은 빛의 절반은 통과시키고 나머지 절반은 반사해서 두 갈래로 분할시켰다.

두 갈래로 뻗어 나간 빛줄기는 정확히 같은 거리에 떨어진 각각의 평면거울에 도달했다. 그리고 각 빛줄기는 평면거울에 반사되어, 다시 정확히 같은 거리를 날아와 출발점에 있는 검출기에 도달하도록 했다. 만약 빛이 날아갔다가 반사되어 돌아오는 동안 에테르의 영향을 전혀 받지 않는다면, 직각으로 분할된 두 갈래의 빛줄기가 검출기로 돌아올 때까지 정확히 같은 시간이 걸릴 것이었다. 정확히 같은 파형으로 진동하는 두 갈래의 빛줄기가 동시에 도달하면서 별다른 패턴을 만들지 않게 되는 것이다.

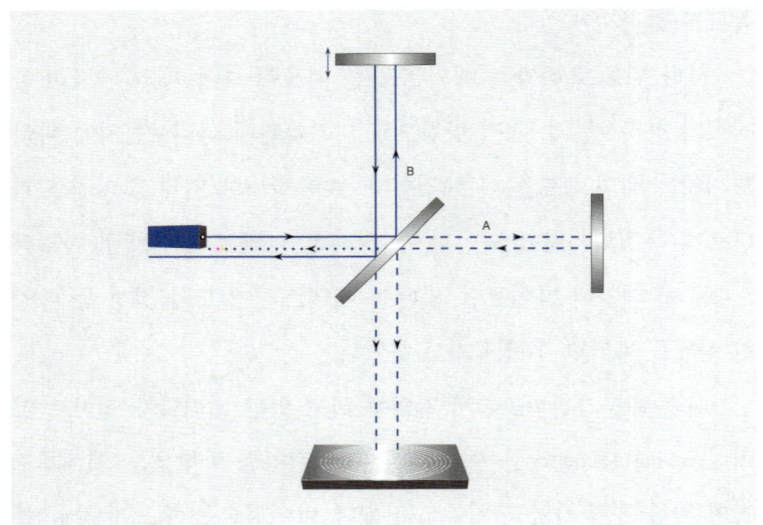

마이컬슨 간섭계의 원리. 레이저에서 쏜 빛이 가운데 비스듬하게 기울어진 분산 장치를 통과한다. 빛의 절반은 그대로 통과해서 오른쪽 끝의 거울에 도달하고, 나머지 절반은 수직으로 반사되어 위쪽 끝의 거울에 도달한다. 두 거울 모두 같은 거리 만큼 떨어져 있다. 각 거울에 빛이 다시 반사되면 맨 아래쪽 검출기에 두 빛이 함께 도달한다.

그런데 만약 에테르의 영향을 받는다면 결과는 달라진다. 에테르의 바람과 나란하게 날아갔다 돌아오는 빛줄기는, 에테르와 수직 방향으로 날아갔다가 돌아오는 빛줄기에 비해 더 오랜 시간이 걸려 검출기에 도달하게 된다. 즉, 빛이 날아간 방향에 따라 빛의 속도에 차이가 생겨야 한다. 이 차이는 결국 검출기에 도달하는 각 빛줄기의 파형이 살짝 어긋나게 만들어 버린다. 파형이 살짝 어긋난 두 빛이 섞이면서 검출기에는 독특한 패턴이 만들어질 수 있다. 마이컬슨은 처음으로 자신의 강의실에서 이 아이디어를 실현하며 첫 번째 유령 사냥 장치를 만들었다. 이것을 마이컬슨 간섭계라고 부른다.

그런데 그의 첫 번째 사냥 시도는 빈손으로 끝났다. 방향에 따른 빛의 속도 차이는 오차 범위보다도 너무나 미미했다. 사실상 아무런 차이가 없다고 봐야 했고, 마이컬슨의 첫 실험은 에테르가 존재하지 않는다는 결론을 가리켰다.

실패는 때로 발견을 위한 충분조건이 된다

이후 1885년, 마이컬슨은 동료 에드워드 몰리Edward Morley의 도움을 받아 더 큰 규모의 사냥 장치를 만들었다. 이제 한 변이 1.5m인 정사각형 모양의 더 큰 거울이 계량에 사용되었다. 덕분에 빛이 이동하는 전체 경로를 11m까지 늘릴 수 있었고, 더 미미한 빛의 속도 변화도 감지할 수 있게 되었다.

마이컬슨과 몰리가 새롭게 만든 사냥 장치는 워낙 민감했기 때문에 실험실 온도와 바람에도 영향을 받았다. 그래서 그들은 지하실에 새롭게 장치를 설치했다. 하지만 또 이번에는 근처를 지나가는 말발굽 소리조차 실험 결과에 영향을 주었다. 두 사람은 항상 숨을 죽인 채, 아무것도 지나가지 않는 고요 속에서 에테르를 사냥해야 했다.

하지만 이런 철저한 시도조차 결국 빈손으로 끝나고 말았다. 그들의 그물에는 아주 미세한 떨림이 감지된 것처럼 보였지만, 그 수준이 턱없이 부족했다. 에테르가 존재한다면 나와야 할 결과에 비해 40분의 1밖에 안 되는 너무 작은 수준이었다. 그들은 더 민감한 사냥 장치를 만들었지만 여전히 오차 범위에도 못 미치는 의미 없는 노이즈만 잡힐 뿐이었다.

두 사람의 실험 결과가 가리키는 결론은 더욱 명백했다. 에테르라는 유령은 애초에 우주에 존재하지 않았고, 원래부터 존재한 적도 없었다는 것이다. 에테르를 확인하고야 말겠다는 목표로 시작되었던 두 사람의 실험은 철저한 실패로 끝났다. 하지만 아이러니하게도 이 실험은 실패했기 때문에 위대하다고 평가받는다. 우리는 성공을 위대한 발견의 필요조건으로 여기지만, 실패에 대해서는 그다지 생각하지 않는다. 마이컬슨과 몰리의 실험에서 우리가 얻을 수 있는 교훈은, 때로 실패는 발견을 위한 충분조건이 된다는 사실이다.

"마이컬슨-몰리 실험이 우리를 심각한 난관에 빠뜨리지 않았다면, 아무도 상대성 이론을 구원으로 여기지 않았을 것이다."

_알베르트 아인슈타인

마이컬슨과 몰리의 실험 장치는 에테르라는 유령을 포획하기 위한 유령 사냥 장치가 아니었다. 수천 년 동안 인류의 상상 속에 도사리고 있던 허구의 유령을 마침내 지워 버린 일종의 퇴마 장치였다. 애초부터 빛에 별도의 매질은 필요하지 않았다. 빛은 매질 없이 홀로 공간을 가로질러 퍼질 수 있는 존재이기 때문이다. 어떻게 그럴까?

빛은 사실 서로 다른 두 가지의 파동이 맞물려 있는 현상이다. 하나는 전기의 흐름, 다른 하나는 자기의 흐름이다. 전기의 흐름은 자기장의 변화를 일으키고, 자기의 변화가 또다시 전기장의 변화를 일으킨다. 둘은 끊임없이 서로를 유도하며 공존한다. 그리고 끝없이 사라지지 않고 함께 요동친다. 덕분에 빛은 별도의 매질 없이도 수천수만 광년을 가로질러 퍼질 수 있는 것이다.

에테르가 필요하지 않게 되면서, 이제 인류는 텅 빈 우주 공간을 있는 그대로 받아들일 수 있게 되었다. 그리고 이제야 비로소 공허한 우주 공간을 가로질러 홀로 날아오는 빛의 여정을 따라갈 수 있게 되었다. 마이컬슨과 몰리의 위대한 실패는 굴곡진 빛의 궤적을 따라가며, 우주 시공간 본연의 굴곡을 느낄 수 있는 기틀을 마련했다.

시공간이 휘어지고 왜곡될 수 있다는 아인슈타인의 상대성 이론이 태어날 수 있었던 것은 그에 앞서 에테르를 지워 버린 두 퇴마사의 역할 덕분이었다. 이후, 1907년 마이컬슨은 에테르라는 불필요하고 오래된 망령을 쫓아낸 공로로 노벨 물리학상의 주인공이 되었다.

우주에
숨어 있던

어둠의
물질

애석하게도 에테르의 망령은 완벽하게 사라지지 않았다. 19세기 말, 에테르는 우리들의 마음속에서 또 다른 이름으로 살며시 고개를 내밀기 시작했다. 당시 천문학자들 사이에는 흥미로운 토론이 오가기 시작했다. 사진 기술이 발명되면서 천문학자들은 우주 전역에 별들이 고르게 분포하지 않는다는 사실을 깨달았다. 방향에 따라 어떤 곳은 별이 빽빽하게 차 있었지만, 또 다른 방향은 별이 거의 없는 까만 하늘만 보였다.

1875년부터 영국 왕립 천문학회 회장을 맡았던 천문학자 윌리엄 헨리 웨슬리William Henry Wesley는 불균일한 밤하늘을 이해할 수 없었다. 그래서 그는 재미있는 실험을 했다. 종이 위에 방향을 조금씩 돌려가면서 붓으로 먹물을 흩뿌렸다. 이를 통해 무작위로 별이 흩뿌려진 우주에 어째서 방향에 따라 별의 밀도가 확연하게 달라질 수 있는지를 재현하려고 한 것이다.

이 미스터리를 설명하기 위해, 천문학자들은 조금씩 과감한 가정을 던졌다. 어쩌면 우주 공간에 빛나지 않는 거대한 암흑 덩어리가 도사리고 있는 건 아닐까? 암흑 덩어리가 그 너머의 별빛을 가리거나 흡수하고 있어서, 밤하늘에서는 아무것도 없는 텅 빈 어둠처럼 보이는 게 아닐까? 밝게 빛나는 모습으로 처음 등장했던 에테르라는 유령은 이제 완벽한 어둠 속에 몸을 숨기는 어두운 유령의 모습으로 변해 가고 있었다.

은하들을 붙잡고 있는
어두운 힘

영국의 물리학자 윌리엄 톰슨 켈빈 경 William Thomson, 1st Baron Kelvin 은 그 암흑을 추적하기 위해, 은하수를 저울 위에 올리는 최초의 시도를 했다.* 만약 은하수에 눈에 보이지 않는 수많은 유령이 함께하고 있다면, 은하수는 겉으로 드러난 모습에 비해 훨씬 더 무

---

* 절대온도 단위 켈빈K, Kelvin은 그의 작위명에서 유래한 것이다.

거워야 할 것이다. 켈빈은 은하수의 별들이 지나치게 빠르게 움직인다고 생각했다. 그 빠른 별들이 은하수 바깥으로 흩어지지 않고 안정적으로 은하수에 모여 있으려면 보기보다 강한 중력에 붙잡혀 있어야 했다. 이를 근거로 켈빈은 은하수에 빛을 내지 않는 물질이 숨어 있다고 주장했다.

"반지름 3.09×10^{16}km의 구 안에 10억 개의 별이 존재할 가능성이 있지만, 그중 10분의 9는 우리에게 보일 만큼 밝지 않을 수 있다. 별 중 다수는, 아마도 대다수는 암흑 천체일 것이다."

_켈빈 경

1930년, 스위스 출신의 천문학자 프리츠 츠비키Fritz Zwicky도 우주의 어둠 속을 떠도는 유령의 낌새를 느끼기 시작했다. 그는 머리털자리 은하단에 모여 있는 은하들의 움직임에 주목했다. 별이 한데 모여 성단을 이루듯이, 은하들도 서로의 중력으로 모여서 거대한 은하단을 이룬다. 각 은하도 멈춰 있지 않고 빠르게 우주 공간을 움직인다. 은하들은 은하단 전체 중력의 손아귀에 붙잡혀 있어서 은하단 바깥으로 벗어나지 못한다.

그런데 츠비키가 관측한 머리털자리 은하단의 은하들은 지나치게 빠르게 움직였다. 은하단 속을 누비는 은하들의 속도는 최대 1,000km/s에 달했다. 이 속도는 은하들이 이미 오래전에 머리털자

암흑 에너지 카메라DESI로 관측한 머리털자리 은하단 영역의 사진.

리 은하단의 미약한 중력을 벗어나 탈출하고도 남았을 속도였다. 당시 츠비키는 지름 1백만 광년의 머리털자리 은하단 안에서 은하를 최대 800개까지 발견했는데, 그 은하들의 전체 질량을 다 합해도 겨우 태양 질량의 10억 배 수준을 겨우 채울 뿐이었다. 그 정도의 질량이 발휘할 수 있는 중력의 최대치를 고려하면 은하들이 은하단을 탈출하지 않을 수 있는 속도는 겨우 80km/s에 지나지 않았다. 그런데 분명 머리털자리 은하단은 해체되지 않고 안정적으로 은하를 가두고 있었다.

이를 근거로 츠비키는 머리털자리 은하단 안에 빛을 내지 않는 어둠의 유령이 은하단의 중력에 힘을 보태고 있으리라고 추정했다. 놀랍게도 빛을 내는 물질에 비해 빛을 내지 않는 물질이 무려 10만 배는 더 많이 있을 것이라고 그는 주장했다. 그리고 그는 처음으로 이 유령에게 암흑 물질Dark matter이라는 그럴듯한 이름을 지어 주었다.

은하의 질량에서
수상한 점을 발견하다

츠비키가 처음으로 유령에게 새로운 이름을 지어 주었을 때까지만 해도 그의 주장은 큰 주목을 받지 못했다. 오랫동안 잊혔던 암

암흑 물질의 가능성이 다시 주목받기 시작한 건, 은하단을 이루는 개별 은하들조차 그 안에 어둠의 유령을 품고 있을지 모른다는 단서가 발견되면서부터였다.

츠비키가 머리털자리 은하단을 휘젓고 있던 무렵, 비슷한 시기에 스웨덴 출신의 천문학자 크누트 룬드마르크Knut Lundmark는 우주의 소용돌이치는 나선 은하들을 관측했다. 룬드마르크는 두 가지 방식으로 각 은하들의 질량을 추정했다. 하나는 은하의 전체 밝기를 활용한 방식이었다. 은하에 더 많은 별이 모여 있을수록 은하는 더 밝고 더 무겁다. 멀리 보이는 샹들리에의 밝기를 보고 얼마나 많은 전구가 모여 있을지를 유추해 샹들리에 전체 질량을 파악하는 것과 같다. 이렇게 추정한 질량을 은하의 광도 질량이라고 한다.

또 다른 방법으로는 은하를 이루는 별들의 움직임을 활용했다. 그는 각 은하가 소용돌이치는 속도를 측정했다. 은하에 붙잡힌 별들이 얼마나 빠르게 맴돌고 있는지는 그 별을 붙잡고 있는 은하 전체의 중력을 대변한다. 그리고 중력은 곧 은하의 질량을 알려 준다. 이렇게 구한 은하의 질량을 역학적 질량이라고 한다.

얼핏 생각하면 은하의 광도 질량과 역학적 질량은 큰 차이가 없어야 한다. 방법만 달리해서 측정했을 뿐, 결국 동일한 은하의 질량을 잰 것이기 때문이다. 그런데 룬드마르크는 당황스러운 사실을 마주했다. 모든 은하의 광도 질량과 역학적 질량이 확연하게 달랐다. 모두 역학적 질량이 압도적으로 무겁게 나타났다. 분명 동일한 은하의 질량을 다르게 잰 것뿐인데, 어떤 방법으로 저울 위에 올렸는지에 따라 결과가 전혀 다르게 나온 것이다.

천문학에서 은하의 역학적 질량이 광도 질량에 비교해 몇 배 더 무거운지를 광도 대 질량 비Mass-to-light ratio, M/L ratio라고 한다. 당시 룬드마르크가 관측한 결과에 따르면, 은하의 광도 대 질량 비는 최대 10배에 달했다. 이것은 은하들이 겉으로 보이는 밝게 빛나는 별과 가스 물질뿐 아니라, 빛을 내지 않고 오직 질량과 중력에만 기여하고 있는 유령과 같은 존재를 품고 있으며, 심지어 그 유령의 양이 눈에 보이는 별과 가스 물질의 양보다 거의 10배나 더 많다는 것을 의미했다.

에테르를 대신하는
어둠의 물질

어렴풋이 자신의 정체를 드러내기 시작한 어둠의 유령은 결국 1970년, 집요한 고스트 버스터에 의해 포착되고 말았다. 여성으로서 역사상 처음 팔로마 천문대에 머물렀던 천문학자 베라 루빈은 동료 켄트 포드Kent Ford와 함께 다양한 나선 은하들의 회전 운동에 주목했다.

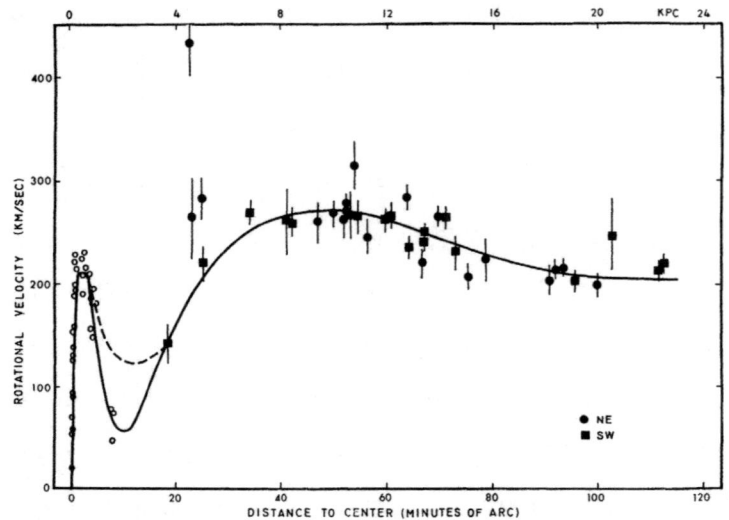

루빈이 동료 포드와 함께 관측했던 안드로메다은하의 회전 곡선 그래프. 가로축이 은하 중심으로부터의 거리, 세로축이 은하의 회전 속도를 나타낸다. 중심에서 멀어져도 회전 속도가 크게 줄지 않고 거의 평탄하게 유지된다.

나선 은하에는 대표적으로 우리은하에서 가장 가까운 250만 광년 거리에 떨어진 안드로메다은하가 있다. 그는 소용돌이치며 빠르게 도는 은하 원반의 회전 속도가 은하 중심에서 외곽으로 감에 따라 어떻게 달라지는지 세밀한 관측을 진행했다. 이를 통해 은하 중심으로부터 멀어지면서 은하의 회전 속도가 어떻게 변화하는지를 보여 주는 은하 회전 곡선Rotation curve을 완성했다.

그런데 곡선의 형태가 이상했다. 사진 속 은하들은 보통 중심부는 매우 밝게 빛나지만 외곽으로 가면서 빠르게 어두워진다. 대부분의 별이 중력이 강한 은하 중심에 밀집되어 있기 때문이다. 당연히 은하 외곽으로 가면서 별의 수는 줄어들고 은하 중심으로부터 거리도 멀어지면서, 외곽의 별을 붙잡고 있는 은하 전체의 중력은 약해지는 것이 당연해 보였다. 그렇다면 은하 외곽에 느슨한 중력으로 붙잡힌 별은 더 느린 속도로 은하 가장자리를 맴돌아야 했다.

그런데 루빈이 관측한 은하의 회전 곡선은 전혀 그렇지 않았다. 은하 외곽으로 멀리 벗어난 별들도 은하 중심부 못지않게 계속 빠른 속도를 유지했다. 언제든지 은하 가장자리 바깥으로 튀어나가도 전혀 이상하지 않은 모습이었다. 하지만 은하들은 전혀 흐트러지지 않고, 별들을 안정적으로 품은 채 빠르게 돌고 있었다.

루빈의 놀라운 발견을 통해 천문학자들은 오랫동안 큰 주목을 받지 못했던 츠비키의 예측을 떠올렸다. 루빈이 관측한 은하 속 별의 지나치게 빠른 움직임은 정확히, 앞서 츠비키가 발견했던 은하단 속 은하들의 움직임과 같았다. 은하단에서도, 또 그 은하단을 이루는 개별 은하 안에서도 우주의 중력을 더 강하고 끈끈하게 만들어 주는 유령이 도사리고 있는 것처럼 보였다. 이제 에테르를 대신해서 은하와 은하 사이, 별과 별 사이 광막한 텅 빈 공간에 암흑 물질이 채워졌다.

암흑 물질은 어쩌다 천문학자들을

곤란하게 만들었는가

1990년 허블 우주 망원경이 올라가면서, 우주의 유령이 남긴 새로운 흔적이 포착되었다. 둥글게 빛나는 큼직한 은하들 사이사이 둥글게 휘어진 흐릿한 형체들이 드러났다. 그것은 더 먼 거리에 놓인 배경 은하들의 빛이 일그러지고 왜곡되면서 만들어진 중력의 허상이었다. 비교적 가까운 거리에 놓인 은하단은 묵직한 암흑 물질을 잔뜩 머금고 있다. 그리고 자신의 중력으로 주변 시공간을 왜곡시킨다. 먼 배경 은하의 빛이 지구를 향해 날아오는 동안 왜곡된 시공간을 통과하면서, 그 빛은 휘어지고 왜곡된 허상을 만들어낸다.

앞서 1919년, 개기일식이 벌어지던 순간 태양 너머의 별빛이 휘어지면서 만들어진 중력 렌즈 현상과 같은 원리다. 허블 우주 망원경이 촬영한 사진에는 먼 배경 우주의 왜곡된 중력 렌즈 이미지가 한가득 담겼다. 우주에서 중력 렌즈 현상은 흔하게 벌어졌다. 매일 하늘에서 볼 수 있는 하얀 구름처럼, 중력 렌즈를 통해 일그러진 먼 배경 우주의 허상은 우주에서 항상 볼 수 있는 지극히 일상적인 풍경이 되었다. 그리고 그것은 우주 시공간에 물결을 일으키고 있는 암흑 물질이 어디에나 도사리고 있다는 사실을 보여 주었다.

빛과 아무런
상호작용을 하지 않는 존재

그렇다면 이 암흑 물질이라는 유령의 정체는 대체 무엇일까? 사실 천문학자들은 암흑 물질이 그저 밝게 빛나지 않는 어두운 천체 정도일 것이라고 생각했다. 오래전 빛을 잃고 차갑게 식어 가고 있는 적색왜성과 갈색왜성, 또는 스스로 빛나지 않는 행성과 소행성이 우주에 생각보다 많은 것뿐이라는 생각이었다.

또는 우주를 홀로 부유하는 떠돌이 블랙홀도 생각해 볼 수 있었다. 천문학자 킴 그리스트Kim Griest는 이런 빛나지 않는 천체들을 통칭해서 은하의 헤일로 공간*을 떠도는 질량이 무겁고 밀도 높은 천체Massive Compact Halo Object, 줄여서 마초MACHO라고 불렀다. 하지만 20년 넘는 긴 탐색에도 마초만으로는 우주 공간에 필요한 암흑 물질을 다 채울 수 없었다. 마초는 암흑 물질의 겨우 2%도 되지 않았다. 마초는 암흑 물질의 정체가 아니었다.

이제 천문학자들은 암흑 물질이라는 이름에서 '암흑'이 정확히 무엇을 의미하는지 다시 생각하기 시작했다. 암흑 물질의 암흑은 단순히 색이 까맣다거나, 빛을 내지 않아 어둡다는 뜻이 아니다. 빛과 아무런 상호작용을 하지 않는다는 뜻이다. 다시 말해, 암흑 물질은 스스로 빛을 방출하지도, 또 주변의 빛을 흡수하지도 않는다.

보통 일반적인 원자로 이루어진 가스 구름들은 그 안에 머금고 있는 화학 성분들이 빛을 방출하거나 흡수하면서 스펙트럼에 선명한 흔적을 남긴다. 하지만 암흑 물질은 그 어떤 방식으로도 빛에 흔적을 남기지 않는다. 암흑 물질과 빛은 서로에게 없는 존재나 다름 없다. 암흑 물질이 빛과 그 어떤 방식으로도 상호작용하지 않는다는 건, 암흑 물질이 평범한 원자로 구성된 일반적인 물질과 근본적으로 완전히 다른 존재라는 것을 의미한다. 결국 천문학자들은 일반 물질과 암흑 물질을 구분할 수밖에 없었다.

• 별과 가스 물질로 이루어진, 은하를 더 거대하게 에워싸고 있는 영역을 헤일로라고 한다. 헤일로는 은하 별 원반의 5배에서 10배 이상 넓게 퍼져 있다.

천문학자들은 우주 공간을 떠도는 떠돌이 블랙홀이 암흑 물질을 채워 주는 마초일 것으로 생각했다. 하지만 그 양은 턱없이 부족하다.

암흑 물질은
관측할 수 없다

우리의 몸, 지구, 태양처럼 양성자, 중성자, 전자, 원자로 이루어진 일반적인 물질을 바리온Baryon이라고 부른다. 암흑 물질은 빛뿐 아니라 바리온과도 그 어떤 화학적, 열적인 상호작용을 하지 않는다. 둘이 서로에게 영향을 주고받을 수 있는 건 딱 하나, 중력뿐이다.

암흑 물질은 결코 자신의 모습을 드러내지 않는, 부끄러움이 아주 많은 유령이다. 그리고 그러한 유령의 못된 성격은 천문학자들에게 큰 좌절감을 안긴다. 앞서 천문학을 '광자 통계학'이라고 부른다고 하지 않았던가? 그렇다. 천문학은 본질적으로 '빛의 과학'이다. 별과 은하, 가스 구름이 쏟아 내는 빛 속에 숨어 있는 우주의 화학적, 역학적 사연을 들여다본다.

그런데 난감하게도 암흑 물질은 애초에 아무런 빛을 내보내지 않는다. 단지 빛을 발산하지 않을 뿐 아니라, 주변 다른 천체들의 빛을 흡수조차 하지 않는다. 사실상 우주의 빛을 담는 망원경에만 의존해 우주를 바라볼 수밖에 없는 천문학자들에게 암흑 물질은 존재하지 않는 것이나 다름 없다. 암흑 물질은 심령사진조차 허락하지 않는 고집스러운 유령이기 때문이다.

그나마 암흑 물질의 존재를 유추할 수 있는 건, 그들이 존재함으로써 채워진 우주의 묵직한 중력 덕분이다. 우리는 오직 중력에 의지해서 암흑 물질의 흔적을 추적한다. 은하가 암흑 물질을 더 많이 품고 있다고 해도 은하의 밝기나 겉모습에는 아무런 변화가 벌어지지 않는다. 다만, 은하의 중력이 더 강해지고 그 안에 살고 있는 별들이 더 빠른 속도로 움직일 수 있게 된다.

우리는 은하 속의 별들이 그 빠른 속도에도 바깥으로 뿔뿔이 흩어져 날아가지 않고 꿋꿋하게 은하의 중력에 붙잡혀 있는 모습을 본다. 그리고 별들을 끈끈하게 잡아 두고 있는 암흑 물질의 중력이 함께 역할을 수행하고 있을 거라고 추정할 뿐이다. 이처럼 암흑 물질은 '보기보다 더 무거운' 우주를 완성한다.

더욱 난감한 것은 이 정체를 알 수 없는 암흑 물질이 지나치게 많다는 점이다. 은하들의 역학적 질량을 재 보면, 단순히 눈에 보이는 밝은 별과 가스 구름의 질량에 비해 4배에서 5배 이상 더 무겁다는 사실을 알 수 있다. 이건 은하 전체 질량에서 암흑 물질이 차지하는 비중이 거의 80% 가까이 된다는 뜻이다. 얼마나 난감한 현실인가? 우리가 잘 알고 있다고 생각했던 일반적인 원자로 이루어진 존재들, 바리온은 우주 전체 질량에서 기껏해야 20% 남짓이다. 나머지 우주의 대부분은 아직 정체도 알지 못하는 암흑 물질이라는 유령이 독차지하고 있다. 적어도 그렇게 보인다.

암흑 속에서 부활한

에테르의 그림자

하지만 모든 물리학자, 천문학자들이 암흑 물질이라는 새로운 유령을 선뜻 받아들인 건 아니다. 암흑 물질이 제2의 에테르라며 암흑 물질 추종자들이 주장하는 부자연스러운 가설에 불만을 품는 이들도 적지 않다. 우주를 설명하기 위해 암흑 물질이 필요한 이유는 보기보다 더 중력이 강한 우주를 설명하기 위해서다. 끝내 유령을 받아들이고 싶지 않았던 물리학자들은 유령을 필요로 하지 않는 대안 가설을 만들었다.

중력 이론을 수정하여
암흑 물질을 부정하다

그런데 대안 가설을 제안하는 이들은 암흑 물질을 추가하지 않고, 단순히 수학적인 변화만으로도 우주의 부족한 중력을 채울 수 있다고 주장한다. 그들의 주장은 이렇다. 중력의 효율이 스케일에 따라 달라진다는 것이다.

 중력은 거리가 멀어질수록 거리 제곱에 반비례해서 약해지는 힘으로 알려져 있다. 거리가 두 배 멀어지면 중력이 네 배 약해지는 식이다. 그런데 태양계 너머 훨씬 거대한 천문학적 스케일로 나아갔을 때 그 효율이 달라진다면 어떨까? 예를 들어 아주 먼 거리에서는 중력이 거리의 제곱에 반비례해서 약해지는 게 아니라, 단순 거리에 반비례해서 약해진다는 것이다. 그렇다면 거리가 두 배 멀어졌을 때 중력은 네 배까지 약해지지 않고, 단순 거리에 반비례해서 두 배만 약해질 수도 있다.

 암흑 물질이 왜 등장했는지를 생각해 보자. 암흑 물질이 등장한 배경은 은하 외곽에 멀리 떨어져 있는데도 지나치게 빠른 속도로 맴도는 별을 설명하기 위해서 추가적인 중력이 필요했기 때문이다. 기존의 방식을 그대로 둔 상태에서 중력을 추가하기 위해서는 당연히 더 많은 질량이 더해져야 했다. 그런데 이 대안 가설은 굳이 새로운 질량을 얹지 않고, 중력 자체가 작동하는 방식에 변주를 주어 문제를 해결하려고 한다. 원래라면 거리가 두 배 멀어지면 중력은 네 배 약해져야 하지만, 대안 가설에 따르면 중력은 네 배까지 약해질 필요가 없다. 그저 두 배 정도만 약해지면 된다. 그러면 은하 가장자리에서도 기존에 비해 훨씬 강한 중력으로 별을 붙잡아 놓을 수 있게 된다. 새로운 질량을 추가하지 않고서도 말이다.

특히, 수천 년 동안 에테르의 망령으로부터 자유롭지 못했던 인류의 흑역사를 수치스럽게 생각하는 물리학자들에게 이 새롭게 등장한 대안 가설은 매력적으로 다가올 것이다. 그들에게 암흑 물질 가설을 받아들이는 것은 단지 이름만 바꿨을 뿐, 에테르와 함께했던 과오를 다시 반복하는 것이나 다름없을 테니 말이다.

이렇게 암흑 물질을 받아들이지 못하는 레지스탕스들의 대안 가설은 수정된 뉴턴 역학Modified Newtonian Dynamics, 줄여서 MOND라고 부른다. 의외로 MOND 가설의 성과는 주목할 만하다. 특히 은하들이 왜 그토록 빠른 속도로 회전하면서도 별들을 사방으로 뿔뿔이 뱉어 내지 않고 자신들의 형체를 유지하고 있는지에 대해서 MOND는 훨씬 간편하고 깨끗한 설명을 제시한다.

물론 아직은 다수의 천문학자들이 암흑 물질 편에 서서 우주를 바라보고 있지만, MOND를 지지하는 천문학자들도 꿋꿋하게 자신의 입장을 고수한다. 두 부류의 천문학자들은 마치 암흑 물질과 바리온처럼 서로 섞이지 못한 채 그저 함께 우주를 채우고 있다.

암흑 물질의 존재를
다시금 증명한 총알 은하단

MOND는 분명 매력적인 가설이지만, 아직 다수의 동의를 받지 못하는 데는 분명한 이유가 있다. 특히, 2006년 찬드라 엑스선 우주 망원경이 겨냥한 흥미로운 현장이 새롭게 발견되면서 MOND 지지자들은 큰 고민을 떠안게 되었다. 찬드라 엑스선 우주 망원경은 약 37억 광년 거리에 떨어진 현장을 바라봤다. 두 개의 거대한 은하단이 서로의 중력에 이끌려 충돌하고 있는 모습이었다. 그런데 이 현장의 진가는 엑스선으로 관측한 모습과 그 주변의 중력 렌즈를 통해 파악한 질량 분포를 비교할 때 드러난다.

엑스선은 은하단이 품고 있는 뜨거운 가스 물질의 분포를 보여 준다. 엑스선으로 바라본 은하단의 모습에서 가스 물질은 두 은하단이 맞부딪히는 충돌 경계면에 뚜렷하게 모여 있다. 뜨거운 가스, 즉 평범한 원자로 이루어진 바리온이 두 은하단의 충돌 경계면에 밀집되어 있다는 뜻이다.

하지만 중력 렌즈로 파악한 전체 질량의 분포는 전혀 다르게 나타난다. 전체 질량의 중심은 뜨거운 가스 물질이 모여 있는 충돌 경계면이 아니라, 충돌 중인 각 두 은하단의 중심부에 밀집되어 있다. 서로의 중력에 이끌려 빠르게 부딪히고 있는 두 은하단을 엑스선으로 바라보면, 중력 렌즈로 파악한 질량 분포와 확연하게 어긋난다.

　이 놀라운 모습은 바리온과 별다른 상호작용을 하지 않는 유령을 가정한 기존의 암흑 물질 가설로 자연스럽게 설명된다. 만약 암흑 물질이 없다면, 당연히 충돌 중인 두 은하단 전체의 질량 중

심은 뜨거운 가스 물질 부분에 놓여야 한다. 그런데 실제 관측된 모습은 달랐다. 이것은 바리온의 영향을 받지 않고 따로 흘러가는 또 다른 무언가가 있다는 것을 암시한다.

　암흑 물질은 바리온과 달리 서로 충돌하더라도 마찰을 일으키지 않는다. 별다른 저항 없이 그대로 충돌 경계면을 통과해 반

제임스 웹 우주 망원경과 찬드라 엑스선 우주 망원경으로 관측한 총알 은하단의 모습. 파란색은 중력 렌즈 이미지 분석으로 알아낸 전체 질량의 분포를, 분홍색은 뜨겁게 달궈진 가스 물질의 분포를 나타낸다.

대편으로 넘어갈 수 있다. 말 그대로 유령처럼 충돌 현장을 그대로 뚫고 지나가는 것이다. 반면 평범한 바리온에 해당하는 뜨거운 가스 물질은 다르다. 가스 물질은 충돌 경계면에서 밀도가 높아지고 속도가 느려진다. 각 은하단이 품고 있던 가스 물질이 암흑 물질에 비해 뒤쳐지면서 둘 사이의 충돌 경계면에 밀집된 것이다. 그래서 두 은하단 전체 질량의 중심은 충돌 경계면에 모여 있는 뜨거운 가스 물질이 아니라, 그 경계면을 한참 앞서 지나 이동한 은하들의 위치와 일치한다. 즉, 눈에 보이는 물질은 서로 상호작용을 주고 받느라 뒤쳐졌지만 정작 전체 질량의 진짜 주인은 별다른 상호작용 없이 그대로 은하들과 함께 앞서 나가고 있는 것이다.

사진 속 충돌 경계면을 자세히 들여다보면, 충돌 경계면에 머무르던 가스 물질이 앞서 나간 암흑 물질의 중력에 이끌려 뒤늦게 끌려가는 모습도 볼 수 있다. 그 모습이 마치 공기를 가로질러 빠르게 날아가는 총알의 충격파를 옆에서 바라본 것 같다고 해서, 이 두 은하단의 충돌 현장을 '총알 은하단'이라고 부른다.

허블 우주 망원경과 제임스 웹 우주 망원경은 우주 곳곳에서 또 다른 은하단들의 충돌 현장을 포착하고 있다. 이들은 모두 한결같이 바리온과 전체 질량의 분포가 확연하게 어긋나 있는 모습을 보여 준다. 이런 총알 은하단 스타일의 은하단 충돌 현장은 암흑 물질이라는 유령의 존재를 가장 확실하게 보여 주는 증거로 여겨진다.

총알 은하단이 발견되면서, 한동안 주목을 받았던 MOND 가설은 조금 주춤한 상태다. 썩 마음에 들지 않지만, 아직까지는 암흑 물질이라는 유령을 우주에서 쫓아낼 수 있는 뚜렷한 방법이 없어 보인다.

우리는
아직도

우주를
모른다

암흑 물질은 이제 우주를 설명하기 위해 없어서는 안 되는 존재가 되었다. 암흑 물질이 없었다면 우주는 지금과 같은 복잡하고 아름다운 구조를 만들 수 없었을 것이다. 암흑 물질은 138억 년 전 빅뱅 직후, 태초부터 존재했던 것으로 보인다. 다른 바리온과 아무런 영향을 주고 받지 않고 오직 중력에만 끌려가는 암흑 물질의 일관된 성질은 우주가 더 효율적으로 안정된 골격을 갖출 수 있는 중요한 계기가 되었다.

    만약 태초에 암흑 물질이 없었다면 우주는 어떻게 되었을까? 태초에 우주에는 바리온뿐이었을 것이다. 처음에는 밀도가 높은 지역을 중심으로 바리온이 모여들겠지만, 바리온에는 한계가 있다. 점차 물질이 모여들면서 온도가 뜨거워지고, 열에 의한 압력으로 인해 모여들던 물질을 다시 바깥으로 밀어낸다. 결국 충분히 높은 밀도로 물질을 뭉치지 못하고, 큼직한 은하 하나 만들지 못했을 것이다.

그런데 여기에 암흑 물질을 첨가하면 이야기는 완전히 달라진다. 암흑 물질은 바리온을 전혀 신경 쓰지 않는다. 오직 중력이 강한 곳을 향해 끌려갈 뿐이다. 이렇게 빛의 속도에 비해 한참 느린 속도로 움직이며, 오로지 중력에만 반응하는 암흑 물질을 차가운 암흑 물질Cold Dark Matter, CDM이라고 부른다. 차가운 암흑 물질은 바리온, 암흑 에너지와 함께 오늘날 현대 우주론의 가장 중요한 구성 요소로 여겨진다.

암흑 물질은
지금의 우주를 만들었다

암흑 물질은 별다른 방해없이 태초에 밀도가 높았던 지역을 중심으로 빠르게 모여든다. 암흑 물질이 더 모이면서 그곳의 중력은 더 강해지고, 주변의 물질이 더 효과적으로 모여든다. 그렇게 충분히 큰 질량의 암흑 물질 덩어리가 만들어지면, 이제 바리온도 더 강한 중력으로 오랫동안 붙잡힐 수 있게 된다. 물질이 모여들면서 온도가 뜨거워지더라도 금방 흩어지지 않고, 계속 한데 모여서 거대한 은하와 은하단으로 반죽될 수 있다.

암흑 물질은 우주의 물질이 더 효과적으로 빠르고 안정적으로 반죽될 수 있게 해 주었다. 태초의 우주에 모여들었던 암흑 물질 덩어리는 은하를 빚어낸 은하의 씨앗, 은하의 응결핵과 같은 역할을 한 것이다. 만약 암흑 물질이 없었다면, 우주에는 지금껏 이렇다 할 크고 아름다운 은하들이 아직 하나도 만들어지지 못했을지 모른다. 아직도 바리온이 충분히 높은 밀도로 모여서 반죽되고 있는 곳이 없었을 테니 말이다. 우주의 나이 138억 년이 우리에겐 마냥 턱없이 긴 세월처럼 느껴지지만, 재밌게도 암흑 물질이 있었기에 '불과' 138억 년 만에 우주가 지금의 아름다운 거대 구조를 완성할 수 있었던 셈이다.

태초부터 우주의 골격을 만들었던 암흑 물질의 흔적은, 오늘날 우주 전체의 지도를 그려 보면 확연하게 드러난다. 우주를 채우는 수많은 은하들은 우주 공간에 아무렇게나 분포하지 않는다. 은하들의 위치를 하나하나 지도에 표시하면, 은하들이 마치 그물처럼 얽혀 있다는 사실을 알 수 있다. 이것을 우주의 거대 구조Large-Scale Structure, LSS라고 한다.

우주 거대 구조에서 은하들이 그물의 가닥처럼 길게 이어진 흐름은 필라멘트filament라고 하고, 그물에 뚫린 구멍처럼 사이사이 은하들이 거의 없고 텅 빈 공간은 보이드void라고 한다. 필라멘트

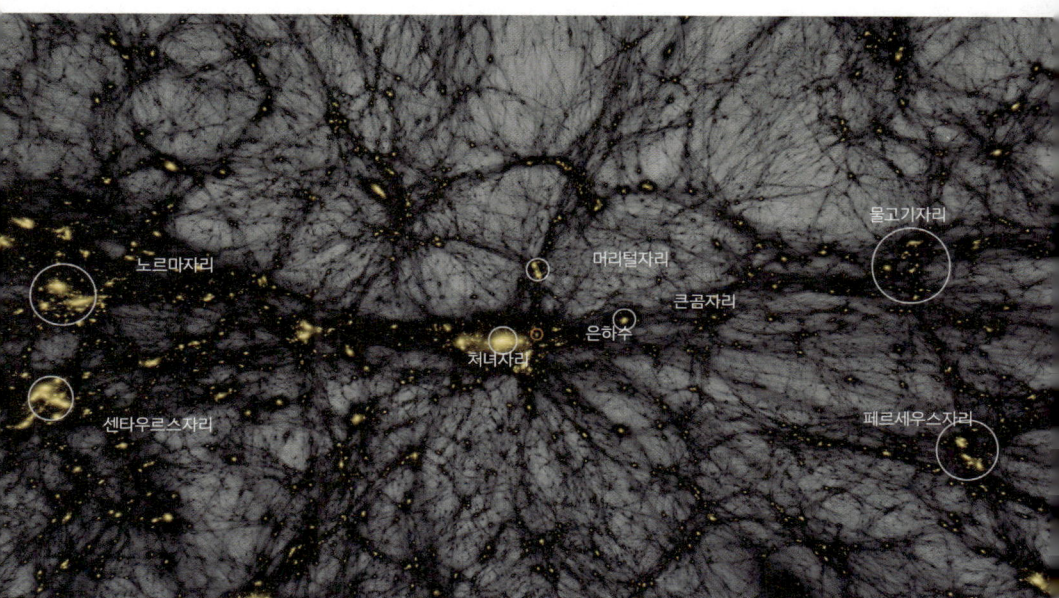

우리은하 주변, 암흑 물질 필라멘트가 얽혀 있는 우주 거대 구조를 표현한 그림.

는 태초에 암흑 물질의 밀도가 높았던 은하의 씨앗을 향해 사방에서 물질이 일관되게 모여들며 만들어진 자연스러운 흔적이다. 수풀 속에서 사람들이 자주 지나다니는 길목을 따라 구불구불한 흙길이 만들어지는 것처럼, 지난 138억 년 동안 암흑 물질의 중력에 이끌려 흘러간 수많은 물질들이 남겨 놓은 기다란 발자국의 행렬인 셈이다.

그물처럼 얽혀 있는 우주 거대 구조의 모습은 오늘날 슈퍼컴퓨터를 활용해 우주의 진화 과정을 재현하려 하고 있는 시뮬레이션 천문학 분야에서 가장 중요한 과제다. 바리온만 넣어서는 절대 우주 거대 구조를 제대로 구현하지 못한다. 훨씬 더 많은 암흑 물질을 첨가해야만 우주의 레시피가 제대로 작동한다.

만약 우리은하가
거대한 보이드 속에 있었다면

1980년 천문학자 로버트 커쉬너Robert Kirshner는 우주 전역의 은하들 사이 거리를 재고 지도를 그리던 중, 가장 거대한 공허를 발견했다. 우주에는 유독 은하들이 하나도 발견되지 않는 거대하고 텅 빈 영역이 있었다. 지구에서 약 7억 광년 거리에 놓인 한 지점을 중심으로 지름 3억 광년의 거대한 보이드 안에 은하가 단 하나도 들어 있지 않았던 것이다. 보통 평범한 우주 공간이라면, 이 정도 거대한 공간 안에 은하가 최소 2천에서 3천 개는 있어야 했다. 하지만 여기에는 은하가 하나도 없었다. 정말 말 그대로 텅 비어 있었다. 지구의 하늘에서 목동자리 방향으로 보이는 이 거대한 보이드를 우리는 목동자리 보이드라고 부른다.

이를 두고 천문학자 그레고리 앨더링Gregory Aldering은 재밌는 이야기를 남겼다. 만약 우리은하가 이 거대한 목동자리 보이드 한

가운데 놓여 있었다면, 우리는 1960년대가 되도록 우리은하 바깥에 또 다른 은하가 존재한다는 사실조차 알 수 없었으리라는 것이다. 만약 그랬다면 인류는 지금껏 우리은하 바깥에 공허와 어둠만이 끝없이 펼쳐져 있다는 착각에 빠져 살았을지 모른다. 아무리 주변을 둘러봐도 다른 이웃 은하가 단 하나도 보이지 않았을 테니 말이다. 밤하늘에서 뿌옇게 보이는 가스 구름의 정체가 우리은하 안에 포함된 작은 조각 구름인지, 우리은하 너머 또 다른 우주인지를 두고 고민했던 20세기 대논쟁의 역사도 없었을 것이다.

다행스럽게도 우리은하는 곁에 안드로메다은하를 비롯해 적당히 멀지 않은 거리에 수많은 이웃 은하들과 함께 어우러져 살고 있다. 덕분에 우리는 일찍이 외부 은하를 인식했고, 수많은 은하들이 그물 모양으로 얽혀 있는 우주를 이해할 수 있었다. 앨더링의 농담은 어쩌면 우주의 어떤 위치에서 살아가는지에 따라 우리가 인식하는 우주의 모습, 나아가 천문학의 역사 자체가 완전히 달라질 수 있다는 사실을 알려 준다.

애초에 우리 주변이 거대한 공허뿐이었다면, 우리는 그 공허가 무엇으로 채워져 있는지조차 궁금해하지 못했을 것이다. 다행히 우리는 적당히 복잡하고 어지럽혀진 세상에 살고 있었고, 덕분에 공허가 무엇인지 또 무엇으로 채워져 있을지 궁금해할 수 있는 존재가 되었다. 우리가 천문학적으로 몇 발자국만 살짝 벗어났다면, 이 모든 질문을 던질 기회조차 없었을 것이다. 정말 다행스럽고드 소름 돋는 이야기다.

암흑 물질도
반물질을 가지고 있다면

아직도 암흑 물질의 정체가 대체 무엇인지 우리는 전혀 알지 못한다. 단지 우리에게 익숙한 양성자, 중성자, 전자 그 무엇과도 같지 않다는 점만 유추하고 있을 뿐이다. 암흑 물질은 어쩌면 우리가 아직 경험하지 못한 전혀 다른 성질의 무언가로 구성되어 있을지 모른다. 다만 그게 무엇이든, 아직 우리에게 뚜렷한 사냥 장치가 없다는 것만큼은 확실해 보인다.

하지만 천문학자들은 아직 완전히 포기하지 않았다. 비록 암흑 물질이 스스로 빛을 내지도 흡수하지도, 다른 바리온과 별다른 상호작용을 하지도 않는다지만 암흑 물질이 작은 흔적을 남길 가능성이 여전히 남아 있기 때문이다. 암흑 물질도 어쨌든 물질이라면, 우주의 모든 존재에게 통용되는 대법칙을 벗어나지는 않을 것이다.

우주의 모든 물질은 다른 모든 성질이 똑같지만 전하만 뒤집힌 반물질이라는 짝을 두고 있다. 예를 들어, 원래 전자는 음전하(-)를 띠고 있지만 질량은 같고 전하만 양전하(+)인 양전자라는 짝이 있다. 재밌는 점은 물질과 반물질이 서로 부딪히면 둘 모두 사라진다는 점이다. 이 이야기는 자신과 똑 닮은 도플갱어와 악수하면 둘 모두 사라진다는 도시 전설을 떠올리게 한다.

물질과 반물질이 만나 사라지는 이 과정은 다른 말로 쌍소멸이라고 하는데, 쌍소멸은 원래 존재했던 물질과 반물질이 모두 사라지면서 그 둘 모두의 질량 전체가 온전히 에너지로 전환되는 과정이다. 그렇기 때문에 쌍소멸이 일어나는 현장에서는 감마선 수준의 막대한 고에너지 빛이 방출된다. 암흑 물질도 어쨌든 질량을 품고 중력을 행사할 수 있는 물질이라면, 분명 그에 대응되는 반물질 짝을 두고 있을 확률이 높다. 그리고 분명 암흑 물질도 반물질 짝과 만났을 때, 막대한 고에너지 빛을 남길 가능성이 있다.

암흑 물질이 쌍소멸로 사라지면서 내보내고 있을지 모르는 최후의 감마선 포효를 포착하고 싶다면, 어느 곳을 바라봐야 할까? 이왕이면 암흑 물질의 밀도가 높은 지역을 보는 것이 유리하다. 그래야 바글바글하게 모여 있는 암흑 물질과 반물질 짝들이 서로 부딪히면서 쌍소멸을 겪을 확률이 높기 때문이다. 대표적으로 우리은하의 중심부가 있다. 놀랍게도 우리은하 중심부 방향에서는 막대한 양의 감마선이 검출된다. 이것이 정말 암흑 물질의 흔적인지에 대해서는 아직도 끝나지 않는 논란이 이어지고 있지만 말이다.

2008년 6월, 우주에 올라간 페르미 감마선 우주 망원경에는 우주 전역에서 날아오는 감마선을 감지하는 광시야 망원경Large

Area Telescope, LAT이 탑재되었다. LAT는 한 번에 하늘 전체 영역의 20%에 달하는 넓은 시야를 훑어본다. 덕분에 아주 빠르게 우주 전역에서 감마선을 토해 내고 있는 다양한 현상들을 포착할 수 있다. 그런데 2009년, 페르미 우주 망원경으로 훑어본 우리은하 중심부의 지도가 공개되면서 또 하나의 논란이 시작되었다.

우리은하 중심에서 찾은
쌍소멸의 증거?

페르미 우주 망원경은 우리은하 중심부에서 유독 밝은 감마선 섬광이 집중적으로 새어 나온다는 사실을 발견했다. 우리은하 중심부는 별과 가스 물질이 매우 높은 밀도로 모여 있다. 그만큼 진화가 빠르고 무거운 별도 많고, 초신성 폭발과 별의 죽음이 빈번하게 벌어진다. 태양 질량의 4백만 배에 달하는 중심의 초거대 질량 블랙홀도 강렬한 감마선을 방출할 수 있다. 이미 천문학자들은 우리은하 중심에 얼마나 많은 초신성과 펄사가 존재할지, 또 이들이 얼마나 많은 감마선을 내보내고 있을지를 파악하고 있다.

문제는 감마선을 만들 만한 모든 현상을 고려하더라도, 실제 페르미 우주 망원경이 감지한 강렬한 감마선의 전체 세기를 채울 수 없다는 점이다. 우리가 파악하고 있는 평범한 감마선의 근원을 모두 반영해도, 우리은하는 그 두 배가 넘는 감마선을 방출하고 있다. 분명 우리은하 중심에 우리가 아직 알아내지 못한, 감마선을 내뿜는 또 다른 무언가가 있다는 것을 암시한다.

페르미 우주 망원경 관측을 통해 밝혀진 우리은하 중심의 미스터리는 감마선 초과GeV Gamma-ray Excess라고 부른다. 이 흥미로운 사실이 알려지면서, 암흑 물질을 찾아 해맸던 많은 천문학자들은 드디어 쌍소멸을 겪고 있는 암흑 물질의 긴 꼬리가 잡힐 것을 기대했다. 흥미롭게도 페르미 우주 망원경이 포착한 감마선 초과의 분포를 보면, 우리은하 정중앙을 중심으로 양쪽으로 둥글고 대칭적으로 분포하는 모습을 볼 수 있다. 이것은 암흑 물질이 은하 중심에 높은 밀도로 둥글게 모여 있을 것으로 예측하는 기존의 모델과 잘 부합한다. 그렇다면 드디어 암흑 물질의 존재가 완벽하게 규명되었다고 볼 수 있을까?

꼭 그렇지는 않다. 이미 페르미 우주 망원경이 본격적으로 우리은하 중심부를 훑어보기도 전에, 2007년 일부 회의적인 천문학자들은 이런 방식으로는 쌍소멸을 겪고 있을지 모르는 암흑 물질의 흔적을 찾는 게 무의미하다는 비판적인 분석을 내놓기도 했다. 그들은 우리은하 중심에 초신성과 평범한 펄사, 블랙홀뿐 아니라 훨씬 더 짧은 주기로 자전하는 펄사, 일명 밀리초 펄사 역시 감마선을 추가로 방출할 수 있다고 지적했다.

원래 자전하고 있던 평범한 별이 붕괴하면서 크기가 급속도로

페르미 우주 망원경이 은하수 중심부에서 포착한 감마선 초과 현상을 표현한 그림.

작아지면, 원래 갖고 있던 각운동량을 보존하기 위해 매우 빠른 속도로 자전하는 펄사가 만들어진다. 특히 은하 중심처럼 별이 바글바글 모여 있는 현장에서는 별 혼자가 아니라, 둘이 짝을 이루는 쌍성도 빈번하게 만들어진다. 쌍성을 이루는 별 가운데 하나가 먼저 펄사가 되고 나면, 곁의 다른 별에서 물질을 빼앗아 먹는다. 그러면서 펄사의 자전 속도는 더 빨라지고, 심지어 별이 한 바퀴 자전하는 주기가 겨우 밀리초 수준밖에 안 되는 밀리초 펄사가 될 수 있다. 이렇게 만들어진 밀리초 펄사는 수십억 년 동안 죽지 않고 살아남는다.

지난 긴 세월 동안 이런 일이 우리은하 중심에서 비일비재하게 벌어졌다면 지금쯤 수많은 밀리초 펄사들이 매우 높은 밀도로 우리은하 중심에 모여 있을 가능성이 있다. 그리고 이들은 매우 강력한 감마선을 방출할 것이다. 그렇다면 우리는 결국 밀리초 펄사에서 새어 나온 감마선을 암흑 물질의 쌍소멸 흔적이라고 착각하고 있을 가능성이 높다는 뜻이다. 단순히 우리은하 중심의 감마선 초과 현상만을 근거로 암흑 물질의 스모킹 건을 잡아내겠다는 시도 자체가 무의미한지도 모른다.

결국 우리은하 중심에서 지나치게 많이 새어 나오고 있는 감마선의 기원은 정말 암흑 물질 때문일 수도 있고, 밀리초 펄사 때문일 수도 있다. 두 가지 설명 모두 그럴싸하다. 이러한 논란이 이어지면서, 아쉽게도 페르미 우주 망원경이 발견했던 너무나 대칭적인 우리은하 중심의 감마선 초과 현상은 아직도 그 정확한 원인이 무엇인지 확실한 결론이 나지 않은 채로 남아 있다.

우주의 비밀을
파헤치기 위한

끝없는
노력

암흑 물질을 찾아 나선 사냥꾼들의 발길은 이제 단순히 밤하늘만을 향하지 않는다. 뜻밖에도 하늘의 정반대, 땅 속을 파고 들어가는 이들이 나타났다. 이탈리아 중부 아펜니노 산맥에서 가장 높은 산 중 하나인 그랑사소 산의 암반 아래, 지하 1.4km 깊은 곳에는 암흑 물질이 잡히기만을 기다리는 어둠의 강태공들이 살고 있다. 이들은 자신들이 찾는 암흑 물질에 웜프WIMP라는 특별한 별명을 지었는데, 약하게 상호작용하는 무거운 입자Weakly Interacting Massive Particles라는 뜻을 갖고 있다. 빛을 매개로 하는 전자기력으로는 상호작용하지 않지만, 다른 더 미약한 방식으로 상호작용하는 비교적 무거운 입자라는 뜻이다.

윔프는 실제로 존재가 확인된 입자는 아니다. 암흑 물질의 정체가 아닐까 기대하는 상상 속 후보 입자다. 사실 암흑 물질에 요구되는 성질을 더 길게 풀어 쓴, 동어 반복의 느낌도 없지 않아 있다. 상상 속의 윔프 역시 다른 일반적인 바리온 입자와는 별다른 상호작용을 하지 않는다. 단지 윔프와 윔프가 만날 때만 아주 낮은 확률로 감마선을 방출하는 상호작용을 경험할 수 있다.

**유령 사냥꾼들이
땅 속으로 들어간 이유**

그렇다면 왜 이탈리아의 유령 사냥꾼들은 굳이 산 아래 깊은 지하로 내려갔을까? 나름 이유가 있다. 아주 드문 윔프끼리의 상호작용으로 발생하는 신호는 너무나 미미하다. 그래서 하늘에서 쏟아지는 수많은 우주선과 빛에 파묻히기 쉽다. 그래서 다른 빛의 방해를 벗어나기 위해 지하로 내려간 것이다. 대부분의 다른 빛들은 두꺼운 암석을 뚫지 못한다. 산의 두꺼운 암반 자체가 하늘에서 쏟아지는 수많은 다양한 빛을 막아 주기 때문이다.

하지만 윔프의 신호만은 다르다. 암흑 물질은 애초에 바리온과 아무런 상호작용을 하지 않는다. 바리온에게 암흑 물질은 모든 것을 뚫고 지나가는 투명한 유령과 같은 존재다. 산의 두꺼운 암반

암흑 물질을 WIMP로 가정하고 제작된 검출기 중 하나인 DEAP-3600의 모습. 지하 2km에서 암흑 물질 입자가 남길지 모르는 흔적을 기다린다.

도 결국 바리온일 뿐이다. 암흑 물질에게 두꺼운 산은 아무런 방해가 되지 않기 때문에 두꺼운 암반도 충분히 뚫고 날아올 수 있다. 지구의 하늘에서 쏟아지는 다른 빛들은 모두 산의 암반에 가로막히지만, 오직 윔프, 암흑 물질만이 암반을 뚫고 지하 깊은 곳에 매장된 암흑 물질 검출기에 도달할 수 있다. 암반이 자연스럽게 암흑 물질만 남기고 다른 빛은 걸러 주는 필터 역할을 하는 셈이다. 그렇게 지하에 도달한 암흑 물질들이 간헐적으로 서로 상호작용하며 방출한 감마선을 포착한다면, 비로소 암흑 물질의 정체가 윔프였다는 사실을 확인할 수 있다.

정말 우리은하 헤일로가 암흑 물질로 가득 차 있다면, 태양과 지구는 은하수를 가득 채우고 있는 암흑 물질의 강줄기를 헤엄치고 있다고 볼 수 있다. 지구는 태양을 중심으로 30km/s의 속도로 공전하고, 또 태양은 은하 중심을 220km/s의 속도로 공전한다. 태양과 지구는 암흑 물질 헤일로를 헤엄치면서, 암흑 물질의 맞바람을 느낄 것이다.

시기에 따라 태양과 지구는 같은 방향으로 움직이기도 하고, 서로 반대 방향으로 움직이기도 한다. 5월에서 6월 사이에는 지구의 공전 속도가 은하에 대한 태양의 공전 속도에 더해지면서, 지구에서 느끼는 암흑 물질 맞바람이 더 거세질 수 있다. 그리고 지하 검출기에 도달하는 윔프의 수도 더 늘어날 것이다. 반대로 11월에서 12월 사이에는 지구와 태양의 공전 방향이 서로 반대가 되면서,

지구에서 느끼는 암흑 물질의 맞바람이 더 약해지게 된다. 따라서 지하 검출기로 포착할 수 있는 윔프의 수도 줄어들 것이다. 계절에 따라 우주 공간에서 지구가 움직이는 방향이 주기적으로 변하기 때문에, 지구에 도달하는 암흑 물질의 양이 6개월 간격으로 늘어나고 줄어드는 일정한 변화를 보이는지를 확인할 수 있다.

지하로 숨어든 암흑 물질 사냥꾼들의 계획을 듣다 보면, 문득 오랫동안 잊고 있던 흑역사가 떠오를 것이다. 그렇다. 바로 에테르를 쫓던 선배 유령 사냥꾼들의 이야기다. 우주 공간이 에테르라는 상상 속의 매질로 채워져 있으리라 생각했던 물리학자들은, 지구가 태양 주변을 맴도는 동안 지구에서 맞게 되는 에테르의 맞바람 방향이 주기적으로 달라질 것으로 생각했다. 그리고 그것을 활용해 방향에 따라 정말 빛의 속도에 차이가 생기는지 확인하는 실험을 시도했고, 처참하게 실패했다. 오늘날 암흑 물질을 추적하는 사냥꾼들의 사냥 방식은 한 세기 전, 에테르라는 망령을 뒤쫓던 선배 사냥꾼들의 방식과 놀라울 정도로 닮았다. 그리고 아직까지 별다른 성과 없이 빈손뿐이라는 점도 그렇다.

사실 한때 그랑사소 연구팀에서는 시끄러운 소동이 있었다. 1997년부터 수년 간 누적된 데이터를 분석해 보니, 정말 사냥꾼들이 기대했던 대로 약 6개월 간격으로 암흑 물질의 신호가 늘어나고 줄어드는 듯한 변화가 보였던 것이다. 곧바로 연구팀은 자신들이 드디어 오랫동안 상상 속에만 존재하고 있던 윔프, 암흑 물질의 정체를 밝혀냈다고 발표했다. 하지만 얼마 지나지 않아, 그들의 발표는 큰 논란에 휩싸였다. 비슷한 시기에 진행된 다른 실험에서는 아무런 결과가 나타나지 않았기 때문이다.

애초에 지하 암흑 물질 검출기가 워낙 민감한 장비이다 보니, 당시 포착된 미미한 신호가 정말 윔프가 남긴 흔적인지, 아니면 두꺼운 암반을 꾸역꾸역 뚫고 들어온 다른 우주 방사선에 의한 노이즈인지 구분하기 어렵다. 철저한 검증을 위해서는 정확히 동일한 조건에서 같은 기간 동안 여러 번 관측이 이루어져야 한다.

이제는 땅 속에 숨어 암흑 물질이 그물을 건드리기만을 기다리는 강태공이 더 늘어났다. 그들은 세계 각지의 버려진 폐광과 동굴 밑으로 들어가 암흑 물질을 기다린다. 한국에도 강원도 양양에 버려진 폐광을 활용해 암흑 물질을 기다리는 유령 사냥 장치가 만들어져 있다.

아쉽지만 아직은 그 어느 곳에서도 뚜렷한 소식이 들려오지 않는다. 실패가 이어지면서, 우리가 결국 암흑 물질의 정체를 밝혀내지 못할 것이라 예견하는 회의론자들도 늘어나고 있다. 에테르를 찾아 헤맸던 당시와는 분위기가 사뭇 다르다. 그때의 실패는 또 다른 위대한 승리였지만, 지금의 실패는 정말 실패로 끝날 것만 같기 때문이다.

여전히 알 수 없는
암흑 물질의 정체

아직까지 암흑 물질은 우주의 모습을 설명하기 위해 꼭 필요한 존재다. 적어도 그렇게 보인다. 암흑 물질 없이는 지나치게 빠르게 움직이는 별과 은하들을 오랫동안 붙잡아 놓을 수 있는 방법이 없기 때문이다. 하지만 암흑 물질이 필요하다고 해서, 그것이 존재한다는 사실이 입증되는 것은 아니다. 우리가 아직 알지 못하는 새로운 물리학이 나온다면, 더 이상 암흑 물질은 필요하지 않게 될 수도 있다.

우리가 기대하는 것처럼 암흑 물질이 정말 어떤 신비로운 입자로 구성된 물질인지조차도 확실치 않아 보인다. 그래서 MOND를 주장하며 암흑 물질에 비판적인 물리학자, 천문학자들은 암흑 물질이라는 표현 자체에도 불만을 갖는 경우가 있다. 정말 그 유령이 물질로서 존재하는지조차 확실치 않은 상황에서, 암흑 물질이라는 명칭을 붙이는 일 자체가 편견을 불러올 수 있다는 것이다.

그래서 이들은 암흑 물질 대신 암흑 중력이라는 표현을 써야 한다고 주장한다. 어느 정도 공감이 가는 지적이다. 사실 엄밀하게 봤을 때, 우리에게 필요한 것은 새로운 물질이라기보다는, 우주가 뿔뿔이 흩어지지 않도록 붙잡아 줄 수 있는 추가적인 중력이니 말이다.

"진정한 예술은 단순히 눈에 보이는 것을 재현하는 것이 아니라, 눈에 보이지 않는 것을 가시적으로 표현하는 것이다."

_파울 클레

　빛을 내지도, 흡수하지도, 보이지도 않는 암흑 물질이라는 유령을 쫓기 위해 하늘뿐 아니라 땅 속까지 뒤지고 있는 천문학자들의 모습을 보면 이제 현대 천문학은 하나의 예술적 경지에 이른 것이 아닐까 싶다. 과거의 천문학은 단지 눈앞에 보이는 세상에 대해서만 이야기했다. 하지만 오늘날의 천문학은 그렇지 않다. 눈에 보이는 세상뿐 아니라 눈에 보이지 않는 세상에 대해서까지, 마치 보이는 것처럼 이야기하고 그 존재를 뒤쫓고 있기 때문이다. 여전히 유령은 우주를 배회하고 있다. 암흑 물질이라는 유령이 말이다.

6장

지구 너머로
향하는 이야기

미국 전역을
발칵 뒤집은

미항공우주국의
발표

1996년 8월 여름, 미국 사회는 생명의 가치를 두고 치열한 정치적 공방이 벌어지고 있었다. 1993년에 취임했던 미국 제42대 대통령 빌 클린턴은 선거 운동 기간 내내, 임신 중절을 합법적으로 제도화하고 보장하는 연방법을 제정하겠다고 약속했다. 하지만 당선된 이후, 클린턴 정부는 소극적으로 변했다.

임신 중절은 '안전하고, 합법적이고, 드물게' 이루어져야 한다는 다소 모호한 원칙을 고수하며 확답을 피했다. 임신 중절의 합법화를 강하게 요구했던 사람들의 불만이 쌓였고, 또 공화당을 비롯한 반대 진영에서도 이 문제를 거론했다. 1996년 11월, 클린턴의 재선 여부를 판가름하는 대선을 앞둔 시점에서 이 공방은 1973년에 있었던 로 대 웨이드 사건Roe v. Wade• 이후로 다시 한번 미국 사회의 가장 뜨거운 정치적 현안으로 떠올랐다.

그해 8월 6일 오후 1시 15분, 클린턴은 백악관 남쪽 잔디밭에서 짧은 기자회견을 가졌다. 그 자리에서 그는 생명에 대한 충격적인 소식을 선언했다. '생명이란 무엇인가'에 대해서 인류가 오랫동안 간직해 왔던 틀을 완전히 뒤집어 버리는 이야기였다. '태아를 몇 개월까지 생명으로 간주해야 하는가', '임신 중절을 허용해야 하는가'에 대한 이야기가 아니었다. 인간의 생명, 나아가 지구의 생명을 넘어서는, 생명이라는 단어 자체의 정의를 본질적으로 뒤집을지도 모르는 이야기였다. 바로 미항공우주국이 외계 생명체를 발견했다는 발표였다.

> "오늘날, 84001번 암석은 수십억 년, 수백만 마일을 가로질러 우리에게 말을 건넵니다. 생명의 가능성을 이야기합니다. 만약 이 발견이 확인된다면, 과학이 지금까지 밝혀낸 우주에 대한 가장 놀라운 통찰 중 하나가 될 것입니다."
>
> _빌 클린턴

모두의 예상을 벗어난, 지구 밖 생명의 가능성에 관한 짧고 강

• 1973년 미국 대법원이 사생활의 권리에 기반해 여성의 임신 중절을 헌법적 권리로 인정한 사건이다.

렬한 발표를 마친 클린턴은 서둘러 캘리포니아 산호세에서의 다음 일정을 위해 마린 원 헬기를 타고 하늘로 떠났다.

운석에 새겨진
생명의 메아리

당시 클린턴이 언급했던 84001번 암석은 남극 운석 탐사Antarctic Search for Meteorites, ANSMET를 통해 1984년에 첫 번째로 발견된 운석이었다. 남극의 앨런 구릉Allan Hills에서 발견되었기 때문에, 암석의 이름은 'ALH 84001'이라고 부른다. 이 운석은 약 40억 년 전 화성을 떠나, 1만 3천 년 전에 지구에 떨어졌다.

그런데 1996년 미항공우주국의 우주생물학자 데이비드 맥케이David McKay는 〈사이언스Science〉에 흥미로운 논문을 발표했다. 이 운석에서 화성에 살았을지 모르는 고대 미생물의 화석을 발견했다고 주장한 것이다. 그는 투과전자현미경으로 자세히 들여다본 운석 단면에서 얼핏 작은 지렁이 화석처럼 보이는 흔적을 발견했다. 그 크기는 수백 나노미터 수준으로 아주 작았다. 막대기 형태의 바실루스와 같은 박테리아일 가능성도 있었다. 맥케이는 이것이 수십억 년 전 화성 생명체의 존재를 암시한다고 주장했다.

게다가 운석에서는 생명의 증거가 될 수 있는 탄산염 성분도

운석 ALH 84001의 모습.

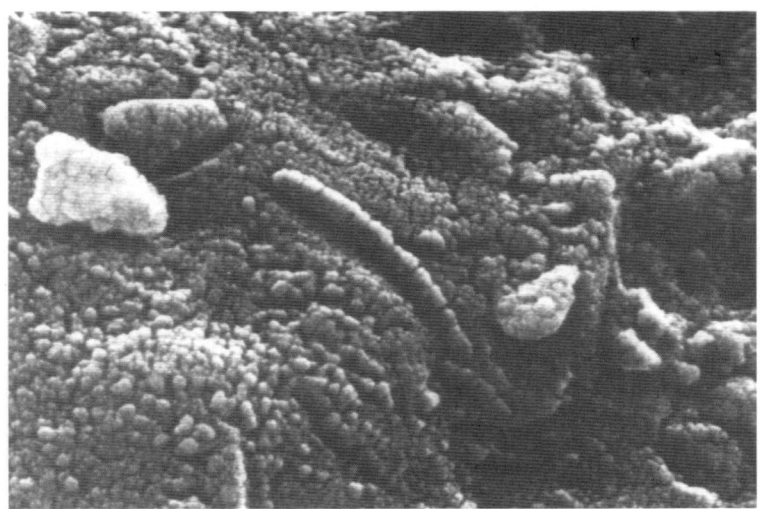

그리고 그 단면에서 발견된 지렁이 모양의 흔적.

확인되었는데, 탄산염은 보통 공기 중의 탄소가 해양 생물의 몸속을 거쳐 바닷속에 쌓이면서 만들어지기 때문이다. 맥케이는 이런 흔적들이 오래전 물이 풍부했던 시절 화성에 미생물이 살았다는 매우 확실한 증거라고 생각했다. 비록 살아 있는 모습은 아니었지만, 드디어 그토록 기다렸던 지구 밖 외계 생명체의 증거를 발견했다는 이야기였다.

맥케이의 논문은 흥미롭지만, 아쉽게도 현재까지 대부분의 천문학자들은 조심스럽다. 운석에서 발견된 형체를 겉모습만으로 생명체라고 단정할 수는 없다. 특히, 크기가 지구의 미생물에서 비해 너무 작다. 하나의 독립된 유기체로서 생명 활동과 기능을 기대하기는 어려운 것이다. 탄산염 성분 역시 생명체와 무관한 지질학적인 과정으로도 충분히 만들어질 수 있다.

당시 클린턴의 깜짝 발표는 충분한 과학적 검증 없이 섣부르게 이루어진 민망한 순간으로 회자된다. 지구 밖 생명으로 국민의 눈길을 돌리고, 지구 내 생명에 대한 논란을 잠재우려 했던, 천문학적으로 얄팍한 시도였을지도 모르겠다.

운석에서 주름진 기다란 흔적을 보고 미생물을 떠올렸듯이, 아무런 의미 없는 모습 속에서 익숙한 패턴을 떠올리는 것을 파레이돌리아Pareidolia, 변상증이라고 한다. 하늘에 아무렇게나 떠 있는 구름을 보고 하트나 코끼리, 아이스크림 같은 모습을 연상하는 것도 이에 해당한다. 사실 화성에 대한 파레이돌리아의 역사는 매우 유서 깊다. 오래전부터 사람들은 화성에서 자신의 기대가 반영된 허상을 그렸다. 사실상 화성에서 생명의 흔적을 쫓고 있는 지난 100여 년에 걸친 우주 탐사의 역사가 전부 파레이돌리아의 역사였다고 해도 과언은 아니다.

그래서, 외계에는

정말 생명체가 있는 걸까?

화성에 대한 희망의 불씨를 가장 본격적으로 지핀 인물은 20세기 미국의 외교관이자 천문학자였던 퍼시벌 로웰Percival Lowell이다. 로웰은 원래 직업 천문학자는 아니었다. 보스턴의 부유한 백인 집안에서 태어난 로웰은 하버드 대학교를 졸업하고 한동안 사교계 생활을 하다가, 돌연 동아시아 세계에 관심을 갖고 일본에 방문했다. 이때 로웰은 조선 최초의 서양 사절단, 보빙사를 이끌며 조선과 흥미로운 인연을 맺게 되었다.

당시에는 영어를 구사하는 조선 사람이 없었기 때문에, 우선 동행한 일본인 통역관이 조선말을 일본어로 옮기고 다시 그것을 로웰이 영어로 옮기는 식으로 통역이 이루어졌다. 이후, 홍영식과

친분을 맺은 로웰은 잠시 조선에 머무르며 고종의 첫 사진 어진을 남겼다. 로웰은 조선에서의 경험을 책으로도 남겼는데, 그것이 《조선, 고요한 아침의 나라》다.

긴 여행을 마치고 미국에 돌아온 로웰은 이제 지구마저 비좁다고 생각했던 모양이다. 그의 눈길은 지구 너머 우주로 나아갔다. 로웰은 프랑스의 작가 카미유 플라마리옹Camille Flammarion이 쓴 화성에 대한 책에 흠뻑 빠져들었다. 그의 책에는 1877년 9월, 이탈리아의 천문학자 조반니 스키아파렐리Giovanni Schiaparelli가 그린 화성 표면의 그림이 담겨 있었다. 당시 화성이 지구에 가장 가까이 접근하면서 크고 밝게 보이는 대충大衝이 있었고, 스키아파렐리는 그 기회를 놓치지 않고 당시 가장 최고 성능을 자랑했던 지름 22cm의 망원경으로 화성을 바라봤다.

스키아파렐리는 붉게 물든 화성 표면 위에 검은 얼룩을 표현했다. 화성의 남반구는 전반적으로 검게 얼룩진 모습이었지만, 북반구로 가면서 검은 얼룩이 더 길고 가늘게 여러 가닥으로 뻗어 나갔다. 스키아파렐리는 그 모습이 마치 계곡이 갈라져 흘러가는 것처럼 보인다는 뜻에서 이탈리아 단어인 '카날리Canali'를 사용했다.

그런데 그의 발견이 프랑스 작가의 손을 거쳐, 다시 영어로 번역되어 미국으로 건너오는 과정에서 치명적인 오역이 벌어졌다. 자연적으로 생긴 계곡을 의미하는 단어 '카날리'가 인공적인 운하를

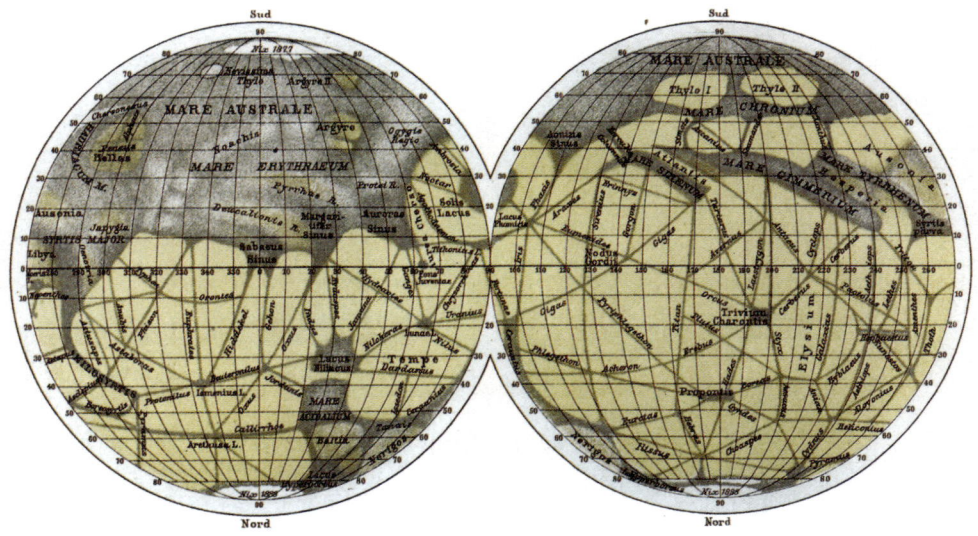

스키아파렐리가 그린 화성 표면의 지도. 화성 표면에 검게 표현된 물줄기가 복잡하게 연결되어 있다. 화성 남극과 북극에 하얀 극지방도 표현되어 있다.

의미하는 '커낼Canal'로 바뀌어 버린 것이다. 자연스럽게 오역을 그대로 받아들인 로웰은 화성에 정말 거대한 인공 운하를 건설한 존재가 살고 있을지 모른다고 생각했다. 그리고 직접 화성을 연구하기로 마음먹었다.

인간이 품은
화성에 대한 오해

로웰에게는 다른 천문학자는 감히 넘볼 수 없는 특별한 능력이 있었다. 브루스 웨인과 마찬가지로 그의 초능력은 바로 '부富'였다. 그는 직접 하인들을 시켜 미국 전역에 천문대를 짓기에 가장 좋은 땅을 찾았다. 그리고 애리조나주에 위치한 해발고도 2,210m의 플래그스태프산 꼭대기에 자신만의 천문대, 로웰 천문대를 지었다. 그는 그곳에서 직접 바라본 화성 표면의 지도를 그렸다.

로웰이 그린 화성 지도에는 화성의 운하가 더 선명하게 드러난다. 일직선으로 곧게 뻗은 운하들이 화성의 극지방에서 적도까지 이어진다. 로웰은 이것이 화성인의 증거라고 생각했다. 화성의 극지방에 얼어 있는 얼음을 녹여서 물이 부족한 적도 지역으로 옮기는 데 사용하는 수로 시스템이라는 것이다. 그는 화성 표면에서 운하 수백 개가 발견되었고, 그중에는 쌍으로 붙어 있는 운하도 있다고 주장했다.

로웰의 주장은 상당히 파격적이었고, 다른 천문학자들은 그의 주장을 믿지 않았다. 실제로 다른 천문학자들의 눈에는 로웰이 주장하는 만큼 복잡하고 선명한 운하가 보이지 않았다. 오직 로웰 마음의 눈에만 보였던 화성의 운하는 이후 더 거대한 망원경으로 관측한 결과 화성 표면의 굴곡진 암석 지형의 경계를 운하로 오해했던 것이라는 시시한 진실을 보여 주었다.

비록 로웰의 주장은 학계에 진지하게 받아들여지지 않았지만, 대중 문화에는 아주 지대한 영향을 끼쳤다. 영국의 소설가 허버트 조지 웰스Herbert George Wells는 로웰이 촉발시킨 화성 열풍 속에서 화성인이 지구에 침공하는 이야기를 다룬 《우주전쟁》을 집필했다. 아직까지도 우리가 화성인이라는 단어를 사실상 모든 외계인을 대변하는 단어로 쓰고 있는 것만 봐도, 로웰이 인류의 상상력과 문화에 남긴 파급력을 느낄 수 있다.

1976년에도 또 한 번 화성에서 비슷한 스캔들이 있었다. 화성에 날아간 바이킹 1호 탐사선은 화성 표면에서 마치 거대한 사람 얼굴의 윤곽처럼 보이는 바위를 발견했다. 화성 인면암의 모습에서 많은 사람들은 고대 이스터섬의 모아이 석상을 떠올렸다. 오래 전 화성에 살았던 고대 문명이 남긴 유적을 발견했다며 호들갑을 떨었지만, 이후 새롭게 날아간 후속 탐사선이 고화질 사진으로 촬영한 모습을 보면 뚜렷했던 인면암의 이목구비는 사라지고 없다. 화성 인면암은 아무것도 아닌 평범한 바위 언덕에 태양 빛이 비스듬하게 비치면서 우연하게도 사람 얼굴처럼 보였던 것뿐이다. 거기에 70년대 탐사선의 투박한 화질이 더해지면서 더욱 극적인 사진이 만들어졌다.

ALH 84001 운석에서 미생물 화석을 기대했던 것도 사실 아무것도 아닌 흔적을 보고 우리가 오해한 것일 가능성이 크다. 아쉽지만 아직 공식적으로 최종 확인된 화성 생명체는 없다. 화성 표면에는 단지 지난 100여 년의 세월 동안 인간이 품었던 기대가 켜켜이 묻어 있을 뿐이다.

붉은 행성에
남아 있는

생명의
흔적을 찾아서

1976년, 화성을 조사하기 위해 착륙한 바이킹 탐사선에는 생명 신호를 분석하는 실험 장치 세 가지가 들어 있었다. 그중 하나인 표지된 방출Labelled Release, LR 실험은 지금까지도 논란으로 남아 있는 놀라운 결과를 보여 주었다. 화성의 토양에서 생명의 징후로 의심되는 성분이 검출된 것이다. 인면암 스캔들 당시에는 바이킹이 우리를 시각적으로 설레게 했다면, 이번에는 화학적 설렘을 준 셈이다.

LR 실험은 우주 공학자 길버트 레빈Gilbert Levin이 고안했다. 화성에 착륙한 바이킹은 긴 로봇 팔을 뻗어 화성 표면의 토양을 한 스쿱 퍼 올렸다. 그리고 실험 장치에 들어간 화성의 토양 샘플을 밀봉한 다음, 실험 용액을 한 방울 떨어뜨렸다. 그 속에는 당과 아미노산을 비롯한 생명 활동에 필요한 주요 성분 일곱 가지가 매우 낮은 농도로 희석되어 있었다. 만약 화성의 토양 샘플 안에 생명체가 존재한다면 신진대사를 통해 이산화탄소를 배출할 수 있다. 실험 장치가 이산화탄소 농도가 올라갔다는 것을 확인한다면, 간접적인 생명의 증거로 볼 수 있었다.

다만 실험에는 하나의 문제가 있었는데, 화성의 대기도 대부분 이산화탄소로 이루어져 있다는 점이었다. 그래서 실험 장치에 감지되는 이산화탄소가 토양 샘플에 살고 있는 미생물이 만든 새로운 이산화탄소인지, 아니면 이미 화성 대기에 존재하던 이산화탄소인지 구분할 필요가 있었다. 이를 위해 실험 용액에 들어 있는 모든 성분 속 탄소는 일반적인 탄소12가 아닌 조금 더 무거운 방사성 동위원소인 탄소14로 대체되었다. 정말로 토양 샘플 속에서 벌어진 생명 활동의 산물이라면, 그 이산화탄소는 탄소12가 아닌 탄소14로 이루어져야 했다.

화성 생명체 실험의 결과

실험 결과는 놀라웠다. 토양 샘플에 실험 용액을 주입하자마자, 빠르게 방사성을 띠는 이산화탄소의 농도가 올라갔다. 똑같이 생긴 두 대의 바이킹 탐사선 1호와 2호가 모두 화성에 착륙했는데, 1호는 태양 빛이 비치는 표면에 노출된 토양 샘플을 사용했고 2호는 바위 아래 그늘진 토양 샘플을 사용했다. 그리고 둘 모두 이산화탄소 농도가 빠르게 올라가는 결과를 보여 주었다.

뒤이어 진행된 추가 분석에서는 더욱 흥미로운 결과가 이어졌다. 실험 장치의 내부 온도를 3시간 동안 160°C로 가열했는데, 보통 이 정도의 높은 온도라면 지구에서 사는 대부분의 미생물은 파

바이킹 착륙선이 화성 표면에 착륙한 직후 촬영한 사진.

괴된다. 즉, 화성 토양 샘플에 살고 있을지 모를 미생물을 살균하는 과정을 거친 셈이다. 그런 후 다시 실험을 반복했다.

그러자 이번에는 이산화탄소가 더 이상 검출되지 않았다. 마치, 가열 직전까지 살아 있던 미생물들이 가열을 진행한 이후 모두 박멸이라도 된 것처럼 말이다. LR 실험을 직접 고안했던 레빈은 이것이야말로 가장 확실한 화성 생명체의 실험적인 증거라고 주장했다. 2021년 세상을 떠나기 직전까지, 그의 주장은 변하지 않았다. 하지만 아쉽게도 대부분의 천문학자들은 이 실험 결과에 대해 의문을 품는다.

그 이유는 바이킹 안에 탑재되어 있던 다른 두 가지 실험에서는 별다른 긍정적인 신호가 전혀 검출되지 않았기 때문이다. 우선, 화성 토양 속에 광합성을 하는 식물성 세포가 있다면 화성 대기 중 이산화탄소를 유기물로 합성하는 탄소 고정이 벌어질 수 있다. 하지만 열분해 방출Pyrolytic Release, PR 실험에서는 별다른 광합성의 징후가 보이지 않았다.

그뿐만이 아니다. 화성에 복잡한 신진대사를 하는 미생물이 있다면, 유기 영양분을 주었을 때 대기 중 화학 조성이 달라질 수 있다. 이를 확인하는 기체 교환Gas Exchange, GEX 실험도 진행했지만 질소, 산소, 메테인 등 모든 화학 성분의 함량은 뚜렷한 변화를 보이지 않았다. 만약 레빈의 LR 실험 결과가 정말 화성 미생물에 의한 결과였다면, 다른 비슷한 실험에서도 양성이 나왔어야 한다.

하지만 그렇지 않다는 건, 생명과 무관한 다른 화학적인 이유 때문일 수 있다는 뜻이었다.

화성을 둘러싼 논쟁은
끝나지 않았다

솔직히 말해서 바이킹 탐사선의 LR 실험으로 비롯된 스캔들은 아직도 명확한 결론이 나지 않은 채로 남아 있다. 2012년 8월 5일, 화성에 착륙해 지금까지도 화성 게일 크레이터 일대를 누비며 활발한 탐사를 이어 오고 있는 큐리오시티는 과염소산염을 머금은 물의 흔적을 발견했다. 쉽게 말해서 메마른 소금물의 흔적을 발견했다는 뜻이다. 현재 큐리오시티가 누비고 있는 게일 크레이터가 오래전에는 염분을 머금은 짠 호수였다는 사실을 의미한다.

 게다가 클로로벤젠을 비롯한 다양한 유기 분자도 발견했다. 앞선 바이킹 탐사 당시, 뚜렷한 유기 분자가 동시에 검출되지 않았다는 것이 레빈의 주장을 반박하는 주요한 근거로 작용했다. 그런데 뒤늦게 큐리오시티를 통해 검출된 유기 분자의 존재는, 바이킹 탐사선의 관측 장비가 충분히 예민하지 못했을 뿐이었다는 것을 뜻한다. 만약 바이킹의 장비가 큐리오시티만큼 민감했다면, 레빈의 주장은 더 큰 힘을 얻었을 것이다.

심지어 큐리오시티는 화성이 통째로 숨을 쉬는 듯한 징후를 포착했다. 화성 대기 중에는 미량의 메테인이 있다. 그런데 큐리오시티는 화성 대기 중 메테인 함량이 주기적으로 변하고 있다는 사실을 발견했다. 큐리오시티는 2012년에서 2018년까지, 총 세 번의 여름과 겨울을 보냈다.* 화성도 지구와 비슷하게 자전축이 기울어진 채 태양 주변을 공전하기 때문에, 덥고 추운 계절이 주기적으로 반복된다.

큐리오시티는 화성 대기 입자 10억 개 중에서 메테인이 몇 개나 존재하는지 그 상대적인 비율을 나타내는 ppbv parts per billion by volume 단위로 메테인 함량을 정밀하게 측정했다. 측정 결과, 화성 대기 중 메테인 함량은 화성에서 겨울이 오면 약 0.3ppbv까지 떨어지고 여름이 오면 약 0.7ppbv까지 올라갔다. 화성에서 1년이 지나는 동안 대기 입자 10억 개 중에서 메테인 분자의 개수가 3개에서 7개까지 주기적으로 오르내린다는 뜻이다. 화성이 태양을 세 번 공전할 동안 이 패턴은 일정한 주기로 반복되어 나타났다.

이 발견은 최근까지 화성에 대한 가장 논쟁적인 가설로 이어진다. 화성에 단순히 수십억 년 전 고대 미생물이 살았을 뿐만 아니라, 아직까지도 살아 있다는 것이다. 이들이 계절에 민감한 고세균이라면 화성 대기 중 메테인 함량의 계절에 따른 변화를 설명할

• 태양에서 지구보다 더 멀리 놓인 화성은 지구에 비해 더 긴 주기로 맴돈다. 화성에서의 1년은 지구 시간으로 약 1년 10개월이다.

화성 표면 위에서 큐리오시티가 자신의 모습을 셀카로 담았다. 긴 로봇 팔 끝에 있는 카메라로 셀카를 찍을 수 있다.

수 있다.

메테인은 지구에서도 생명 활동을 통해 만들어지는 가장 대표적인 부산물이다. 우리가 음식물을 소화하고 나서 배출하는 방귀의 주성분도 메테인이다. 메테인을 생성하는 고세균은 매우 다양하다. 화성에서 겨울이 오면 고세균의 활동성이 줄어들고, 따뜻한 여름이 오면 다시 활동성이 늘어나면서 이들이 방출하는 메테인 함량도 계절에 따라 달라지는 패턴을 보일 수 있다. 즉, 겨울 동안 줄어든 메테인 함량은 아직까지 화성 표면 아래 숨어 있을지 모르는 외계 고세균들이 겨울잠을 잔다는 증거일지 모른다.

**여전히 알 수 없는
얄궂은 행성**

한편, 아쉽지만 메테인은 꼭 살아 있는 생명 활동을 통해서만 만들어지는 화학 성분은 아니다. 과거에 존재했던 고대 미생물 또는 지질학적인 과정을 통해 오래전 암석 속에 메테인이 포집된 상태였을 수도 있다. 상대적으로 따뜻한 계절이 오면, 암석 표면의 얼음이 녹거나 가열된 암석 틈이 벌어지면서 그 안에 있던 메테인이 대기 중으로 방출되고 그것이 계절에 따른 대기 중 메테인 함량의 변화를 야기했을 가능성도 배제할 수 없다.

2013년 말에서 2014년 초 사이, 큐리오시티는 화성에서 갑작스러운 메테인 함량의 급격한 변화를 포착했다. 갑자기 대기 중 메테인 함량이 10배 가까이 치솟았고, 수 개월 동안 유지되다가 다시 빠르게 줄어들었다. 평균적으로 화성에서 대기 중 메테인 함량은 0.05ppbv에 머무른다. 이건 올림픽 규격 수영장만한 크기의 물 속에 소금 한 꼬집을 녹인 수준이다. 그런데 한때 메테인 함량은 최대 20ppbv까지 치솟기도 했다. 이런 급격한 증가는 쉽게 이해하기 어렵다. 알 수 없는 이유로 화성 표면 아래 축적되어 있던 고농도의 메테인이 갑자기 폭발적으로 방출되었을 수 있다.

일부 천문학자들은 큐리오시티 로버 자체가 메테인을 만들어낼 가능성까지 고려해야 한다고 주장했다. 로버의 바퀴가 화성 표면을 긁고 지나가면서 그 아래 묻혀 있던 메테인을 방출시키고 관측 결과를 오염시킬 수 있다는 것이다.

같은 기간 동안 유럽의 엑소마스 궤도선은 화성 상공을 맴도는 동안 뚜렷한 메테인 함량의 변화를 감지하지 못했다. 이것은 큐리오시티의 발견이 탐사선이 머무는 게일 크레이터 표면 일대에서만 벌어진 변화일 뿐, 화성 상층 대기까지는 닿지 않았다는 것을 의미한다. 따라서 메테인 함량의 변화가 단순히 탐사 로버가 머무는 지역 주변에서만 벌어지는 국지적인 현상에 불과한지, 아니면 화성 전역에서 벌어지는 행성 규모의 현상인지에 대한 섬세한 분석이 필요하다. 여전히 화성은 시각적으로도, 화학적으로도 감질

나는 데이터만 보여 줄 뿐 우리에게 확신은 주지 않고 있다. 참 얄궂은 행성이다.

인류가
아직도 화성에

발을 내딛지
못한 이유

화성은 생명과 죽음 사이 아슬아슬한 경계에서 항상 우리를 설레게 만든다. 그래서 많은 몽상가들이 화성에 꿈을 품는 게 아닐까? 로웰이 그랬고, 레빈도 그랬다. 그리고 이제는 그 역할을 일론 머스크가 맡고 있다. 화성을 대표적인 슬로건으로 내걸고 있으며, 주된 초능력이 '부'라는 점에서 머스크는 21세기에 환생한 로웰이라고 볼 수 있다.

    그는 머지 않은 미래 인류가 반드시 화성에 진출하며 다중 행성 종족으로 나아가야 한다고 이야기한다. 정말 진심인지, 아니면 단순히 대중의 이목을 끌기 위한 전략인지, 머스크의 진위는 알 수 없지만 적어도 그의 꿈이 실현되기 위해서 어떤 난관을 해결해야 할지 과학적인 고민은 해 볼 수 있다.

오늘날 우리가 인류의 화성 진출을 이야기할 때, 그것은 단순히 주어진 지금의 화성의 환경에 순응하는 삶을 의미하지 않는다. 우리는 인류의 신체적 조건에 맞게 화성의 환경을 모두 뜯어고치려 한다. 인류는 지금껏 평생 지구에서 살았기 때문에, 우리의 몸은 지구라는 한정된 환경에만 적응되어 있다.

태양계가 만들어진 이래로, 화성과 지구는 45억 년 가까이 서로 다른 역사를 써 내려왔다. 그리고 화성은 지구와 전혀 다른 세계가 되었다. 지난 45억 년 동안 화성은 멀리 떨어진 지구라는 다른 행성에 살아가던 호모 사피엔스라는 종을 굳이 신경쓰지 않았다. 그럴 이유가 없었다. 오늘날 화성이 우리에게 혹독하고 불친절한 건, 애초에 우리에게 친절해야 할 이유가 없기 때문이다.

그런데 돌연 지구에서 자기들끼리 잘 살던 호모 사피엔스가 화성으로 넘어오려는 시도를 벌이고 있다. 애초에 그래야 할 이유가 없었던 화성의 모습을 보며, 황량하고 척박하다는 불평을 한다. 심지어 화성의 모습을 다시 자기들의 고향처럼 탈바꿈하는 계획을 진지하게 고민하기까지 한다. 이 원대한 꿈은 말 그대로 '지구가 아닌 곳을 지구로 만드는 과정', 테라포밍 또는 지구화라고 부른다. 호모 사피엔스는 참으로 적극적이고, 심지어 공격적인 종이다. 이제 우리의 야망은 고향 행성 너머, 수억 킬로미터 거리에 떨어진 다른 행성에까지 닿고 있다.

화성 테라포밍이
쉽지 않은 이유

하지만 화성은 그리 호락호락하지 않다. 왜 우리가 아직도 화성에 발자국 하나 남기지 못했는지, 그 이유를 따라가다 보면 인류의 화성 진출은 앞으로도 요원하지 않을까 하는 절망감이 들지 모른다.

일단 지금의 화성은 대기가 매우 희박하다. 화성 표면의 대기압은 고작 0.006기압밖에 안 된다. 지구 대기의 100분의 1에도 미치지 못하는 수준이다. 그마저도 대부분 이산화탄소로 이루어져 있으며 산소는 거의 없다. 그런데 이산화탄소 분자는 탄소 원자 하나에 산소 원자 두 개가 모여 이루어져 있다. 이산화탄소 분자를 잘 분리할 수 있다면, 우리에게 필요한 산소를 만들 수 있다. 실제로 최근 화성에서는 대기 중 이산화탄소를 산소로 변환시키는 실험이 성공하기도 했다.

2021년 2월 19일, 화성에 착륙한 퍼서비어런스 로버에는 이 실험을 위한 특별한 실험 장치가 탑재되었다. MOXIE_{Mars Oxygen In-Situ Resource Utilization Experiment}라는 이름의 장치는 화성 대기 중 이산화탄소를 포집한 다음 뜨거운 온도로 가열해 일산화탄소와 산소 원자로 전기 분해한다. 이렇게 만들어진 산소 원자를 다시 모아서 우리가 들이마실 수 있는 산소 분자를 만든다.

퍼서비어런스는 임무 초기부터 2023년까지 총 16번, MOXIE

를 통해 산소를 만들어 내는 실험을 진행했다. MOXIE는 시간당 최대 12g, 지금까지 총 122g의 산소를 만들었다. 이는 작은 강아지 한 마리가 10시간 동안, 그리고 우주인 한 명이 2시간 40분 동안 호흡할 수 있는 양이다. MOXIE가 고작 토스트기만한 작은 크기의 실험 장치라는 점을 생각해 보면, 이건 매우 고무적인 결과다. 같은 원리로 작동하는 더 큰 장치를 화성에 설치할 수 있다면, 소수의 우주인이 수년 동안 버틸 수 있는 충분한 양의 산소를 공급할 수 있을 것이다.

하지만 이것으로도 부족하다. 사실 산소의 더 중요한 쓰임새는 따로 있다. 사람뿐 아니라 로켓도 숨을 쉬기 때문이다. 심지어 사람보다 더 거세게 숨을 쉰다. 로켓 연료에 불을 붙이기 위해서는 많은 산소가 필요하다. 그나마 대기 중에 산소가 풍부한 지구의 하늘에서는 큰 문제가 되지 않지만, 지구 대기권을 벗어나는 순간 모든 우주선은 산소 부족 문제에 부딪힌다. 그래서 지구를 떠나는 모든 로켓에는 연료 못지 않게 많은 산화제가 함께 실린다.

우주인 한 명이 화성에서 1화성년 동안 살기 위해서 필요한 산소의 전체 양은 약 0.3t 정도다. 그리고 화성에 머무르던 우주인을 다시 싣고 지구로 돌아오기 위한 귀환 우주선에 필요한 추진제의 전체량은 평균적으로 약 30t이다. 그중에서 연료를 제외한 산화제의 비율만 70~80%에 달한다. 대략 23t 정도는 순수한 산화제로 채워져야 한다는 뜻이다. 현재 기술로서는 한 대의 우주선에 태울 수 있는 우주인이 평균 네 명에서 여섯 명 정도다.

물론, 머스크는 한꺼번에 100명의 승객을 태울 수 있는 우주선 버전의 보잉 707, 스타십 우주선을 개발하겠다고 선언했지만 여전히 많은 천문학자들은 비관적인 전망을 내놓고 있다. 따라서 현재 상황을 고려한다면, 평균적으로 단 한 명의 우주인을 화성에서 지구로 돌려보내기 위해 필요한 산소의 전체 양은 5.8t에 달한다.

한 사람이 1화성년 동안 호흡하기 위해 필요한 산소의 양보다, 로켓을 띄우기 위해 필요한 산소의 양이 10배 이상 더 많다는 사실은 우리를 아연실색하게 만든다. 당연히 지구에서 산소를 조달하는 건 의미가 없다. 설사 운반한다 하더라도, 그 산소를 운반하기 위해 더 많은 산소가 필요하다. 경제적으로도 의미가 없다. 결국 우주인이 화성에서 무사히 숨을 쉬고, 또 필요할 때 고향 지구로 오갈 수 있도록 하기 위해서는 오로지 화성 안에서 필요한 자원을 현지 수급할 수 있는 우주현지자원활용In-Situ Resource Utilization, ISRU에 대한 근본적인 고민이 필요하다.

화성에서는 어떻게 물을 공급해야 할까?

화성에서의 물 공급도 중요한 문제다. 아쉽게도 로웰이 꿈꿨던 대규모 운하는 존재하지 않는다. 대신 화성 극지방에 얼어붙은 얼음과 암석 곳곳에 스며든 물방울을 소중히 모아서 화성 기지의 물탱크를 채워야 한다. 지난 50여 년에 걸친 화성 탐사는 화성도 분명 35억 년 전까지는 바다로 뒤덮인 행성이었다는 점을 보여 준다. 현재 화성의 저지대는 사실상 모두 물로 채워져 있었을 것이다. 화

성 곳곳에, 바다와 강이 아니고서는 설명할 수 없는 뚜렷한 지형이 발견되었기 때문이다. 화성도 한때 지구를 닮았었다. 지구와 전혀 닮지 않은 지금의 화성을 보면 떠올리기 쉽지 않은 모습이다. 따라서 화성에서 물을 충분히 얻을 수 있을지의 문제는 과거 그렇

ESA의 마스 익스프레스 궤도선으로 촬영한 얼음과 눈으로 덮인 화성 남극의 풍경.

게 많았던 물이 모두 어디로 사라진 것인지, 그리고 아직 얼마나 남아 있는지에 달려 있다.

화성의 극지방에는 지구와 마찬가지로 하얀 얼음이 있다. 이것을 화성의 극관極冠, Polar cap이라고 한다. 극지방에 관, 즉 모자를 쓰고 있다는 뜻이다. 한때 머스크는 화성 극관에 핵폭탄을 터뜨려서 한꺼번에 다량의 물을 증발시키자는 과격한 아이디어를 제안한 적이 있다. 그렇게 하면 빠르게 물을 만들고, 또 대기 중 수증기도 증가시킬 수 있다는 주장이었다. 당연히 추천하고 싶은 방법은 아니다. 사실 화성의 극관에는 대기권과 마찬가지로 대부분 물이 아닌 이산화탄소가 얼어 있다. 특히 극관의 표면은 두꺼운 드라이아이스층이라고 볼 수 있다. 그 아래에 일부 물로 이루어진 얼음도 존재하기는 한다. 화성 극관에 있는 물을 다 뽑아낸다면 화성 표면 전체를 평균 20m 정도의 수심으로 덮을 수 있겠지만, 결코 많은 양은 아니다.

화성 자체가 지구에 비해 훨씬 작다는 점을 간과해서는 안된다. 화성의 지름은 지구의 절반밖에 안된다. 화성의 극관을 다 녹여서 만들 수 있는 물의 전체 양은 현재 지구에 있는 모든 물의 0.2% 수준에 불과하다. 따라서 턱없이 부족한 물을 보충하기 위해서는, 극지방에 얼어 있는 물뿐 아니라 눈에 보이지 않는 암석 곳곳에 스며든 물 분자까지 다 꺼내야 한다. 물 분자 H_2O 또는 수소 하나가 떨어져 나간 하이드록실기-OH를 포함하는 광물을 함수 광물이라고 하는데, 광물을 구성하는 분자 사이사이에 수소와 산소가 결합된 형태이기 때문에 화학적인 공정을 거쳐야만 물을 뽑아낼 수 있다. 말 그대로 돌멩이를 쥐어짜서 물을 뽑아내는 셈이라 할 수 있다.

화성의 바다에 숨겨진
흥미로운 흔적

가장 최근에 화성에 착륙한 퍼서비어런스도 화성의 강과 바다가 만나는 길목에서 흥미로운 단서를 발견해 오고 있다. 화성 탐사 로버들은 바퀴가 많이 달려 있지만, 속도는 빠르지 않다. 돌멩이 하나만 잘못 밟아도 바퀴가 헛돌면서 미션 전체가 끝나 버릴 수 있기 때문에, 로버들은 아주 천천히 조심스럽게 움직인다.

퍼서비어런스의 경우 가장 빠르게 달려 봤자 속도가 120m/h에 불과하다. 그것도 태양이 저문 밤에는 거의 움직이지 못하기 때문에, 평균적으로 하루 동안 최대 이동할 수 있는 거리는 400m 남짓이다. 사실상 한 번 화성에 발을, 아니 바퀴를 디디면 미션이 완전히 끝날 때까지 평생 그 주변만 돌아다니는 셈이다. 그래서 화성 탐사 로버들은 처음 착륙할 때부터 신중하게 착륙 지점을 정한다.

퍼서비어런스는 예제로 크레이터 가장자리에 안착했다. 이곳은 크레이터 경계 바깥으로 가늘게 굽이치는 협곡과 만나는데, 과거에는 물이 흘렀던 곳으로 보인다. 퍼서비어런스가 안착한 위치는 이 협곡과 크레이터 가장자리가 부드럽게 이어지면서 퇴적물이 쌓인 것처럼 보인다. 오래전 물이 흘렀을 때, 강 아래 삼각주에 해당하는 지역으로 추정한다. 실제로 이곳에서는 진흙이 굳어져 만들어진 암석이 많이 발견된다.

2024년 7월, 퍼서비어런스는 예제로 크레이터의 가장자리 언덕 너머 물이 흘러넘치면서 만들어진 것으로 보이는 네테르바 밸리스 일대를 탐사했다. 그리고 그곳에서 흥미로운 암석을 발견했다. 화살촉처럼 뾰족한 모양의 이 돌멩이는 그랜드 캐니언의 폭포 이름을 따서 체야바 폴스Cheyava Falls라고 부른다. 그 표면에는 표범처럼 수 밀리미터 크기의 동그란 검은 무늬가 발견되는데, 이것은 감람석으로 이루어져 있다. 퍼서비어런스는 로봇 팔 끝에 장착된 셜록Scanning Habitable Environments with Raman & Luminescence for Organics & Chemicals, SHERLOC이라는 이름의 장비로 탐정처럼 이 검은 무늬를 스캔했다. 그리고 그 안에서 인산염과 철 성분을 검출했다. 심지어 알려진 모든 지구 생명체들에게 필요한 다양한 유기 화합물들도 발견했다.

이 돌멩이 주변에는 황산칼슘이 마치 금맥처럼 얽혀 있는 모습도 있다. 이런 독특한 무늬들은 오래전 생명체와 유기 화합물을 머금고 있던 다량의 진흙이 계곡 너머 흘러넘쳐 쌓였다가 굳으면

퍼서비어런스가 촬영한 체야바 폴스의 사진. 사진 가운데 주황빛 암석 표면에 표범 무늬가 보인다.

서 만들어진다. 물론 완벽하게 비생물학적인 기원을 배제하기는 어렵지만, 체야바 폴스는 현재까지 화성 생명체의 존재를 지지하는 가장 흥미로운 증거로 여겨진다.*

---

* 2025년 9월, 미항공우주국은 바로 이곳에서 고대 생명의 흔적으로 추정하는 가장 유력한 증거를 발견했다고 발표했다. 여기에 탄소 화합물의 흔적이 남아 있고, 철과 인을 비롯한 생명 활동의 흔적이 많이 남아 있다고 말이다.

천문학자들은 지구 바깥 천체에서 생명체의 증거로 의심되는 신호를 발견했을 때, 그 신뢰도를 일곱 단계의 척도로 평가한다. 이것을 생명 검출 신뢰도Confidence of Life Detection, CoLD라고 한다.

1단계: 알려진 생명 활동의 결과로 볼 수 있는 신호가 검출되었을 때
2단계: 다른 오염의 가능성이 배제되었을 때
3단계: 해당 환경에서 유효한 생명 활동의 결과물이 예측 가능할 때
4단계: 알려진 다른 모든 비생물학적 활동의 가능성이 불가능한 것으로 판명되었을 때
5단계: 생명 활동에 의한 독립적인 신호가 검출되었을 때
6단계: 최초 보고 이후 추가 관측을 통해 다른 가설이 모두 배제되었을 때
7단계: 독립된 추가 관측을 통해 예측되었던 생명 활동 신호가 검출되었을 때

CoLD 척도에 따르면, 퍼서비어런스가 발견한 체야바 폴스의 신호는 아직 1단계에 머무른다. 하지만 실망하기는 이르다. 지금까지 이루어진 화성 탐사에서 기록한 가장 높은 점수이니 말이다. 만약 추가 분석을 통해 체야바 폴스의 암석에서 메테인이 추가로 검출된다면 이 신호는 최대 4단계까지 도달할 수 있다. 하지만 이 모든 이야기들은 화성에 갇혀 있다. 만약 탐사 로버의 센서에 문제

가 있다면, 우리는 그 관측 결과를 그대로 신뢰하기 어렵다. 결국 가장 확실한 건 직접 우리 눈과 손으로 확인해 보는 것뿐이다. 물론 지금 당장은 사람이 살아서 화성에 가지 못한다. 대신, 화성의 조각을 지구에 갖고 오는 것은 시도해 볼 수 있다.

화성 탐사선 퍼서비어런스에게

주어진 특별한 임무

그래서 퍼서비어런스는 아주 특별한 임무를 수행하고 있다. 퍼서비어런스는 로봇 팔 끝에 있는 작고 날카로운 드릴로 화성 암석 곳곳에 구멍을 뚫고, 티타늄 합금으로 만들어진 길이 15cm, 지름 2.3cm의 작은 튜브 안에 암석과 토양 샘플을 수집하는 일을 한다.

재미있는 점은 바이킹 때와 달리, 퍼서비어런스는 수집한 샘플을 자신이 직접 분석하지 않는다는 점이다. 대신 미래에 찾아올 다음 탐사선을 위해 모아 놓을 뿐이다. 샘플 튜브는 총 43개 중에서 실제 화성의 암석과 토양 샘플을 담아 놓을 수 있는 것은 38개다. 2025년 3월 10일에는 28번째 샘플 튜브가 채워졌다. CoLD 척도에서 역대 가장 높은 점수를 기록한 체야바 폴스의 샘플도 25번째 순서로 샘플 튜브에 보관되었다.

    채울 수 있는 샘플 튜브의 수가 한정되어 있기 때문에, 샘플을 담을지 말지에는 항상 신중한 고민이 따른다. 최대한 과학적으로 의미가 있어 보이는 샘플만 잘 골라서 담아야 하니 말이다. 온갖 산해진미가 가득한 넓은 뷔페에서 어느 정도 배가 찬 미식가가 마지막 접시에 음식을 담을 때와 같은 마음일 것이다. 퍼서비어런스가 수집한 샘플은 화성이 아닌 지구에서 분석이 이루어진다.

    2030년에는 퍼서비어런스 곁에 후발대가 착륙할 예정이다. 퍼서비어런스가 모아 놓은 샘플 튜브를 전달받은 다음, 화성 표면에서 탄도 미사일 형태의 작은 로켓을 발사하게 된다. 이후 1년여의 시간이 지나면, 화성에서 채취한 귀중한 샘플 튜브가 담긴 캡슐이 지구 대기권을 뚫고 재진입하게 된다. 지구에서 기다리고 있던 천문학자들은 캡슐 안에 담긴 화성 샘플을 직접 지구에서 분석하게 될 것이다. 비록 아직은 인간이 직접 화성에 발을 딛지 못했지만, 적어도 화성의 토양에 인간의 손길이 닿는 첫 순간이 될 것이다.

    달에 대한 이해가 가장 비약적으로 발전한 건, 아폴로 미션을 통해 우주인들이 달에서 직접 암석을 갖고 온 덕분이었다. 달 암석 속에 어떤 광물이 존재하는지 자세하게 들여다본 덕분에, 우리는 달과 지구 탄생의 비밀에 대해서 선명한 그림을 그릴 수 있었다. 마찬가지로 화성에서 직접 샘플을 갖고 지구로 온다면, 화성에 대한 이해는 완전히 달라지게 될 것이다. 멀리 떨어진 외로운 탐사 로버가 보내 오는 어렴풋한 사진과 데이터가 아닌, 실제 실험실 안에서 화성의 조각을 손에 쥐고 마음껏 분석할 수 있을 테니 말이다.

화성의 샘플을 갖고 돌아오겠다는 마스 샘플 리턴Mars Sample Return, MSR 미션은 한창 준비 중이다. 퍼서비어런스의 임무는 독립된 미션이 아니라, 마스 샘플 리턴이라는 거대한 프로젝트의 첫 준비 단계였을 뿐이다.

지구로의 로켓 배송을 기다리는 화성의 암석들

43개의 샘플 튜브 중에서 화성 샘플을 담지 않는 다섯 개의 샘플 튜브는 '증인 튜브Witness tube'라고 부른다. 혹시라도 샘플이 지구의 화학 성분으로 오염될 가능성을 최대한 배제하기 위한 일종의 안전 장치다.

우주로 떠나는 탐사선들은 모두 최대한 멸균된 상태에서 제작된다. 하지만 어쩔 수 없이 사람과 지구에게서 일부 물질이 옮겨 붙을 수 있다. 로버가 화성 표면을 기어다니고 드릴로 구멍을 뚫는 동안, 로버가 지구에서 묻히고 간 물질이 다시 화성 표면에 떨어지는 식이다. 그렇다면 튜브 안에 모아 놓았던 샘플 속에서 생명의 흔적으로 의심되는 흥미로운 성분이 검출되더라도, 그것이 정말 순수하게 화성에 있던 성분인지 아니면 지구와 화성을 오가는 동안 묻은 지구의 성분인지 구분하기 어렵다. 이것을 확인하기 위해서 퍼서비어런스는 샘플 튜브를 수집하는 동안 증인 튜브를 함께 주변에 떨어뜨려 놓는다.

로버는 작업하는 동안 주변 대기 중에 퍼질 가능성이 있는 의도치 않은 지구의 오염 물질을 내부에 흡착시킨다. 샘플을 채취하는 현장에서 그 주변 환경을 채증하는 셈이다. 이후 샘플이 지구에 도착하면, 단순히 샘플 튜브만 분석하는 것이 아니라 증인 샘플과 함께 비교하게 된다. 만약 샘플 튜브와 증인 샘플 모두에서 동일하게 나타나는 성분이 있다면, 그것은 순수하게 튜브 안에 담긴 암석의 성분이 아닌 로버에서 떨어져 나온 지구의 오염 물질일 가능성이 높다고 볼 수 있다.

이렇게 퍼서비어런스는 오염 물질을 최대한 배제하면서, 정말 순수하게 화성의 암석과 토양에 존재하는 화학 성분만을 골라낸다. 한 가지 재미있는 점은 정작 퍼서비어런스가 샘플 튜브를 보관할 수 있는 슬롯의 개수가 부족하다는 것이다. 퍼서비어런스는 샘플이 담긴 튜브를 최대 30개까지만 보관할 수 있다. 그래서 미처 안에 보관하지 못한 샘플 튜브는 그냥 적당히 화성 바닥에 남겨둔다.

이후 계획대로 후발대가 도착하면, 퍼서비어런스는 수 년 동안 모아 두었던 샘플 튜브를 후발대에게 전해 준다. 바닥에 떨어뜨려 놓은 샘플 튜브가 관건인데, 이때는 소형 드론을 활용할 예정이다. 드론은 퍼서비어런스의 탐사 궤적을 따라 곳곳에 산재되어 있는 샘플 튜브를 하나씩 집어서 지구 귀환을 기다리는 로켓에 옮겨 담을 것이다.

이미 퍼서비어런스는 화성에서 드론을 날리는 리허설까지 무사히 마쳤다. 퍼서비어런스 아랫부분에는 신발 상자만한 작은 드론, 인제뉴어티가 접혀서 들어 있었다. 2021년 4월 3일, 드론을 숨기고 있던 덮개가 열리고 화성 표면에 안착했다. 그날부터 퍼서비어런스의 카메라에는 붉은 화성 표면에 날개를 접은 채 올라가 있는 작은 인제뉴어티의 모습이 담기기 시작했다.

2021년 4월 8일, 인제뉴어티는 날개를 펼치고 빠르게 회전하기 시작했다. 앞서 이야기했듯 화성의 대기는 매우 희박하다. 대기 밀도가 지구 고도 27km 상공과 비슷하다. 지구에서 이 정도 높이면 아무리 프로펠러를 돌려도 양력을 얻지 못해, 헬리콥터가 도달하지 못한다. 그래서 인제뉴어티는 사실상 우주 공간이나 다름없는 화성의 하늘을 날아오르기 위해 지구에서 필요한 것보다 10배 더 빠르게 프로펠러를 돌렸다.

몇 번의 기지개 끝에 만반의 준비를 마친 인제뉴어티는 2021년 4월 19일, 처음으로 화성의 표면에서 발을 뗐다. 인제뉴어티의 첫 비행은 30초 동안 3m가량을 이동하며 성공적으로 진행되었다.

1903년 12월 17일에 있었던 라이트 형제의 역사적인 첫 비행 이후 100년이 지나, 인류는 지구가 아닌 다른 행성에서의 비행에 성공한 것이다. 2024년 1월 18일, 프로펠러가 부러지면서 끝나버린 마지막 비행까지 인제뉴어티는 72번에 걸쳐 화성의 하늘을 날았다. 인제뉴어티가 비행한 총 거리는 17km에 달한다. 화성의 땅과 하늘에서 앞으로 이루어질 MSR 미션을 위한 공조 작전은 무사히 리허설을 마쳤다.

다만 현재는 다소 인간적이고, 현실적인 난관에 부딪힌 상황

2021년 4월 8일 화성 표면에서 첫 번째 이륙을 준비하고 있는 인제뉴어티를 촬영한 사진.

이다. 당초 미션의 전체 예산은 50억 달러로 책정되었지만, 시간이 지나면서 110억 달러까지 치솟았다. 미항공우주국도 큰 부담감을 느꼈고, 원래의 더 낮은 예산으로 미션을 수행할 수 있는 세부 계획이 잡힐 때까지 미션을 잠정 연기한 상태다. 더군다나 2026년 미항공우주국의 전체 예산안이 크게 감축될 위기에 처하면서, MSR의 미래는 더욱 암울해진 상황이다. 물론 이미 퍼서비어런스라는 선발대가 화성에 머무는 상황이기 때문에, 그 기회비용을 생각해서라도 다행히 미션을 아예 포기할 가능성은 크지 않아 보인다. 그러길 바란다.

탐사 로버의 이름 퍼서비어런스Perseverance는 '인내'라는 뜻을 갖고 있다. 그 이름에 걸맞게, 퍼서비어런스는 기약 없는 후발대가 오기만을 차분하게 기다리고 있다. MSR 미션이 바람대로 이루어지고, 귀중한 화성의 조각이 무사히 '로켓 배송'되길 바랄 뿐이다. 그 안에 화성의 테라포밍을 꿈꾸는 이들에게 희망적인 소식이 담겨 있을지, 아니면 또 다른 절망이 기다리고 있을지, 답을 알기까지 우리에겐 조금 더 긴 기다림이 필요하다.

우리는
또 다른 지구를

찾아야만
할까?

화성 테라포밍을 위한 노력이 난관에 부딪힐 때마다 깨닫게 되는 우주의 교훈이 있다. 우주에서 가장 중요한 건 '얼마나 아름다운지'가 아니다. 더 중요한 건 그 잠깐의 아름다움을 '얼마나 오랫동안 유지할 수 있는지'에 있다.

    화성이 과거 지구처럼 푸른 바다를 품은 세계였으리라는 믿을 만한 추측은 자연스럽게 이 질문으로 이어진다. 그렇다면 왜 지금의 화성은 그렇지 못한 것인가? 수십억 년 전 화성과 지구가 비슷한 모습에서 출발했다면, 무엇이 두 행성의 운명을 극적으로 갈라지게 만들었을까? 천문학자들은 높은 확률로 그 원인이 무엇 때문인지 알고 있다. 화성에서 사라진 자기장이다.

화성과 지구의
운명을 갈라놓은 자기장

행성에 자기장이 존재하는지의 여부는 그곳에서 태양이 어떤 존재로 다가올지를 결정한다. 자기장이 있는 곳에서 태양은 생명의 원천이다. 하지만 자기장이 없는 곳에서 태양은 더 이상 생명의 불씨가 아니다. 오히려 생명을 지워 버리는 또 다른 재앙이 된다.

태양은 사방의 우주 공간으로 자신의 살점을 흩뿌린다. 자외선과 엑스선, 중성자와 양성자로 이루어진 고에너지 입자들이 빛의 속도로 쏟아져 나온다. 가끔은 짧은 시간 동안 폭발적으로 에너지를 분출하는 플레어flare가 벌어진다. 태양풍이 휩쓸고 지나간 행성의 대기권은 조금씩 벗겨진다. 그리고 태양풍으로 인해 행성은 우주적인 풍화 침식을 겪는다. 바로 이러한 태양풍 소나기 속에서 행성의 대기권이 더 오랫동안 살아남을 수 있도록 역할을 하는 것이 바로 자기장이다. 태양풍 입자도 전하를 띠고 있기 때문에, 행성 자기장의 영향을 받는다. 태양풍 입자들이 그대로 행성 표면에 곤두박질치지 않고, 자기장을 따라 흐름을 틀기 때문이다.

지구의 경우 태양풍 입자들은 지구 자기장 다발이 집중된 극지방에 모여든다. 지구의 남극과 북극이 태양풍 입자를 모아 두는 하수구의 역할을 하는 셈이다. 덕분에 극지방을 제외한 지구 대부분의 지역에서는 태양풍 소나기를 걱정할 필요가 없다. 대신 극지

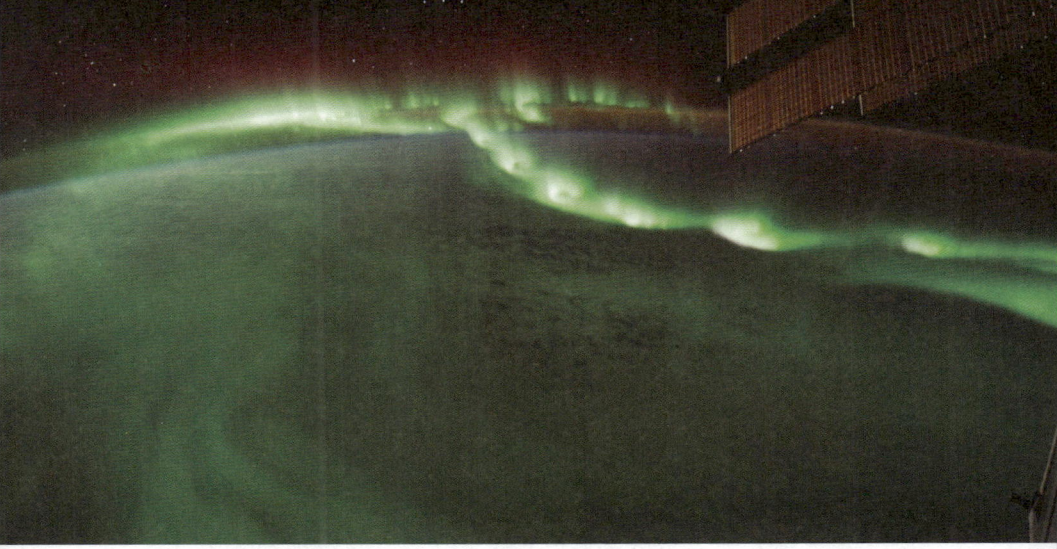

국제 우주 정거장에서 내려다본 지구의 오로라.

밤의 하늘에서는 높은 밀도로 모여든 태양풍 입자들이 상층 대기의 산소 분자와 부딪히면서 새어 나오는 녹색 빛이 아른거린다. 모든 여행자들의 버킷리스트에 빠지지 않고 등장하는 아름다운 오로라는 사실 지구 표면의 생명을 지켜 내기 위해 태양풍과 치열하게 싸우고 있는 지구 자기장의 상흔이다.

하지만 일찍이 자기장이 사라진 화성은 결국 태양풍에 함락되었다. 태양풍 입자들이 거침없이 화성 대기권과 표면에 쏟아지면서 대기 분자들과 부딪혔다. 화성 대기권의 분자들은 더 빠른 속도로 움직이게 되었고, 미약한 화성의 중력 손아귀를 벗어나 우주 공간으로 흩어졌다. 태양풍 입자를 얻어맞은 화성의 바다 속 물 분자들도 모두 빠르게 증발해 버렸다. 지난 40억 년 동안 태양풍에 그대로 노출되었던 화성은 결국 대기권과 바다가 모두 사라진 벌거숭이가 되고 말았다.

화성의 사라진 자기장은 일론 머스크의 꿈을 가로막는 가장 치명적인 장벽이다. 화성 테라포밍에 대해 비관적인 전망을 내놓는 천문학자들이 가장 많이 거론하는 한계다. 자기장 보호막 없이 테라포밍은 의미가 없다. 화성에 다시 바다와 대기권을 만들어도, 그 행복은 오래 가지 못할 것이다. 자기장 보호막이 없는 화성은 다시 40억 년 전에 겪었던 우주적 풍화 침식을 반복하게 될 것이기 때문이다. 결국 진정한 의미에서, 화성에 눌러앉을 수 있는 진짜 테라포밍을 이루기 위해서는 화성에 인공적인 자기장을 만들어 내야만 한다. 하지만 지름 6,000km를 넘는 행성 전체를 감싸는 자기장을 인공적으로 만들어 내는 기술은 현재까지 없다.

**동굴 속에서 시작될
인류의 미래**

그럼에도 화성에서 꼭 살고 싶다면, 한 가지 대안은 있다. 화성의 두꺼운 지각 아래로 들어가는 것이다. 태양풍을 피할 수 없다면, 태양 자체가 보이지 않는 땅 속 깊이 숨는 수밖에 없다. 화성의 두꺼운 지각 자체가 태양풍과 우주 방사선을 막아 주는 천연의 방공호가 될 수 있다.

실제로 화성의 지하에 아직 남아 있는 얼음층도 발견된다. 어쩌면 그 안에 아직까지 꿋꿋하게 버티고 살아남은 화성의 고세균, 미생물들의 은신처가 있을지도 모른다. 개미에게 창문은 필요하지 않다. 어차피 지하 벙커에서 살아야 하는 운명에게 허락된 바깥 풍경이란 건 없으니 말이다.

실제로 최근 천문학자들은 화성 동굴 탐사의 필요성을 주장한다. 우리는 지금까지 화성 표면과 협곡, 심지어 드론으로 화성의 하늘까지 돌아다녔지만 아직 화성의 동굴 속을 탐험한 적은 없다. 여전히 화성의 동굴은 미지의 세계다. 화성 표면에서는 가끔 표면이 주저앉으면서 작은 구멍이 뚫린 동굴이 발견된다. 작은 구멍 너머 지하에 얼마나 넓은 공간이 펼쳐져 있을지, 또 그 안에 화성 표면에서는 볼 수 없는 새로운 지질학적 풍경이 존재할지는 오늘날 화성 탐사 분야에서 아주 뜨거운 주제가 되고 있다.

먼 미래 화성에 정착하게 될 최초의 화성인의 삶은 공교롭게도 지구에 처음으로 터를 잡았던 최초의 인류와 크게 다르지 않을 것이다. 지구에서도 우리는 동굴 속에서 역사를 시작했고, 화성에서도 그 시작은 동굴이 될 것이다. 지구에서도, 화성에서도 인류가

태양 빛을 마주하기까지는 긴 마음의 준비가 필요하다.

인류는 우주 화전민의
삶을 살아야 할까?

이제 우리는 화성 테라포밍을 다른 관점에서 바라볼 필요가 있다. 화성은 처음부터 붉게 메마른 황량한 세계가 아니었을 가능성이 높다. 과거에는 지구 못지 않게 푸른 세계였을 것이다. 화성 테라

화성의 환경을 지구처럼 바꾸는 테라포밍 과정을 표현한 그림.

포밍은 단 한 번도 푸르렀던 적이 없는 화성을 처음으로 푸르게 개간하는 과정이 아니다. 원래 푸르렀던 화성의 모습으로 복원시키는 과정이라고 봐야 한다. 그렇다면 이 시점에서 우리는 질문해 봐야 한다.

이미 황폐해진 화성을 다시 원래의 푸른 모습으로 되돌리는 것이 가능하다면, 그 비용으로 파괴되어 가고 있는 우리 지구부터 손보는 것이 더 바람직한 방향이 아닐까? 지구를 테라포밍해야 하는 시점이 온다면 그건 참 비극적인 일일 것이다. 애초에 테라포밍이라는 단어가 지구가 아닌 곳을 지구의 환경처럼 만든다는 뜻인데, 지구를 테라포밍하게 된다면 그건 이미 지구를 지구라 부를 수 없을 정도의 상태가 되어 버렸다는 뜻일 테니 말이다.

"갈 수는 있지만, 살 수는 없다."

_칼 세이건

지구에서 벌어진 문제는 가능한 지구 안에서 해결하는 것이 옳다. 지구를 버리고 다른 곳에서 새로운 시작을 꿈꾸는 것은 게으르고 비싼 대안이다. 요즘 우리가 화성을 말할 때, 지구는 없다. 마치 화성을 지구에서 벌어진 모든 문제로부터 벗어나 새 출발을 할 수 있는 희망찬 유토피아처럼 인식하는 경향이 있다. 하지만 화성은 우리의 근본적인 문제를 해결해 주지 않는다. 화성 진출이라는 꿈은 당장은 오지 않을 미래에 우리의 현실 속 잘못과 그에 따른 비극을 유예시키고 있을 뿐이다.

'내일의 일은 내일로 미룬다'라는 농담처럼, 우리는 마치 화성 진출이 우리가 당면한 모든 문제를 한 번에 해결할 것이라 기대한다. 하지만 정말 화성이라는 내일이 올 수 있을지 아직은 장담할 수 없다. 오히려 화성 탐사 데이터가 쌓일수록, 화성에 정착하는 것이 얼마나 어려운 일인지를 깨달아 가고 있다.

끝내 화성으로 진출하는 데 성공했다고 치자. 그러면 거기서 끝날 것이라 장담할 수 있을까? 인류는 애써 비옥하게 가꾸어 놓은, 테라포밍된 화성을 다시 망가뜨리게 될 것이다. 지난 20만 년 동안 지구에서 해 온 것처럼 말이다. 그러면, 이번엔 화성 너머 또 다른 곳으로 도망가야 할까?

그렇게 된다면, 인류는 자신이 머물던 곳을 하나씩 파괴해 가며 계속해서 다음번 거처로 도망다니는 종족이 되어 버릴 것이다. 머지 않아 인류가 화성에 발자국을 딛는 순간, 인류는 자신도 모르게 우주 화전민의 삶을 시작하게 될지 모른다.

에필로그

천문학은 우리를
겸손하게 만든다

어젯밤 달이 어떤 모양이었는지 기억나는가? 보름달? 반달? 아마 지금 이 문장을 읽고 있는 당신은 높은 확률로 어젯밤의 달 모양이 기억나지 않을 것이다. 참 슬픈 일이다. 달은 굳이 값비싼 망원경이 없어도 쉽게 즐길 수 있는 유일한 천체다. 심지어 날씨가 꽤 흐려도 달의 모양 정도는 충분히 즐길 수 있다. 그런데 우리는 당장 어젯밤 달이 무슨 모양이었는지조차 기억하지 못한다. 이 사실은 우리가 평소 얼마나 고개를 숙이고 하늘을 바라보지 않는지를 적나라하게 보여 준다.

우리는 왜 아직도 우주를 완벽하게 이해하지 못할까? 나는 우리가 아직도 우주를 충분히 지켜봐 주지 않았기 때문이라고 생각한다. 지난 수천, 수만 년 동안 나름대로 성실하게 우주를 바라보며 살았지만, 너무나 광막한 우주를 다 담기에는 우리에게 허락된 시간이 턱없이 짧았다. 우리가 아직 보지 못한 우주의 장면이 너무나 많다.

별과 티끌이 빼곡하게 시야를 가리고 있는 은하수 너머에 무엇이 숨어 있는지 우리는 아직도 알지 못한다. 거대한 눈동자를 달고 많은 우주 망원경들이 하늘로 올라갔지만, 여전히 우리은하를 벗어난 먼 우주에 얼마나 더 많은 별과 은하가 숨어 있는지 우리는 확신하지 못한다.

빅뱅 직후, 아무것도 없던 어둠 속에서 어떻게 이런 찬란한 우주의 거대 구조가 빚어질 수 있었는지 우리는 그 태초의 순간도 직접 확인한 적이 없다. 분명 우주에 존재하지만, 아직 우리는 그들을 보지 못했다. 그렇기 때문에 우리는 그들을 알지 못한다.

우주가 던지는 수수께끼 앞에서
좌절하는 당신에게

빅뱅의 기원, 최초의 원자, 별의 탄생, 그리고 우주의 운명을 종잡을 수 없게 만드는 암흑 물질과 암흑 에너지, 이들은 모두 우리가 아직 풀지 못한 현대 우주론의 지긋지긋한 수수께끼다. 나름 그럴듯한 천문학적 발견을 해 왔다는 자만심이 더해지면서, 오히려 그럼에도 우리가 아직 이 많은 수수께끼를 풀지 못하고 있다는 현실이 더 아프게 다가온다. 우리가 이 정도까지 했는데도 여전히 해결하지 못한다는 건 어쩌면, 애초에 우주가 무슨 수를 써도 영원히 풀 수 없는 난제라는 뜻은 아닐까? 아이러니하게도 자만심이 오히려 우리를 더 깊은 절망감으로 떨어뜨리는 기분이 든다.

그럼에도 우리는 포기하지 않는다. 천문학자들은 스스로의 한계를 이미 알고 있다. 앞으로 영원히, 우주가 망하는 그 순간까지 우리가 우주의 모든 비밀을 밝히는 날은 오지 않을 것이다. 우리가 천문학이라는 행위를 포기하기로 선언하는 날이 오더라도, 그것은 우리가 모든 것을 깨달았기 때문은 결코 아닐 것이다. 여전히 더 알아야 할 비밀이 우주의 어둠 너머에 산적해 있을 테니 말이다.

한편으로는 우리 스스로 계속 새로운 수수께끼를 창발하고 있다는 생각도 든다. 우리도 모르는 사이 사실 우주의 거의 모든 것을 알아냈음에도, 스스로 그 사실을 부정하고 겸손을 떠는 것일지도 모른다는 상상을 해 본다.

우리는 항상 우주 앞에서 작아진다. 우리에게 무한한 시간이 주어진다고 해서 언젠가 우주를 완벽하게 이해하는 날이 설마 올까 싶은 마음이 든다. 그런 지나친 소심함이 어쩌면 우리의 능력을 스스로 저평가하게 만드는지도 모른다. 그리고 그런 소심한 마음은 우리가 알아낸 우주 너머에 여전히 우리가 알지 못하는 또 다른 어둠과 비밀이 존재하리라는 가정을 하게 만든다.

이미 우리는 우주의 지평선에 서 있는지도 모른다. 그 너머에 또 다른 세계가 있을 것으로 착각하며 아쉬워하고 있는지도 모른다. 하지만 이러한 인간의 소심함과 겸손함은 보이지 않는 세상을 끝없이 상상하게 만들고, 우리의 고개가 계속해서 하늘을 향하도록 만든다. 어쩌면 바로 이 우주 앞에 숙연해지고 작아지는 마음이야말로, 우리를 천문학자로 만드는 가장 큰 동기이지 않을까?

**달빛이 우리에게
가르쳐 주는 것**

현대 천문학을 관통하는 아주 멋진 철학적 개념이 있다. '우주론적 인식'이라는 개념인데, 보이는 모든 것들이 보이지 않는 모든 것의 영향을 받고 있으며, 알고 있는 모든 것들이 아직 알려지지 않은 모든 것과 연결되어 있음을 항상 인식하며 살아가는 태도를 말한다.

이 태도에 익숙해져야만 우리는 우주를 온전하게 받아들이고 느낄 수 있다. 천문학은 우리를 겸손하게 만들고, 동시에 우리가 겸손해져야만 천문학을 제대로 즐길 수 있다. 아는 것이 아닌 모르는 것을 인정하는 마음. 심지어 자신이 아는 것조차 과소평가하며 얼마나 많은 것을 모르고 있는지를 보여 주려는 마음. 그 마음이

나를 천문학자로 만들었다.

오늘은 꼭 하늘에 떠 있는 달을 바라보기를 바란다. 달의 거친 표면의 질감, 둥근 곡률 그리고 달 너머에 숨어 있을 은하수와 드넓은 우주 공간을 느껴보기를 바란다. 달 너머에서 우주의 광막함이 물밀듯 밀려올 것이다. 그리고 당신은 우주 앞에서 두려움, 경이로움, 주저하는 마음과 들뜬 마음과 같은 다양한 감정을 동시에 느끼게 될 것이다.

우주의 스케일에 비해 내가 한없이 작고 하찮은 존재라는 허무함과 138억 년에 달하는 우주의 장엄한 진화 끝에 비로소 내가 태어났다는 자존감이 공존한다. 천문학은 한 인간으로서 지구에서는 결코 느낄 수 없는 넓은 스펙트럼의 감정을 느끼게 한다. 그 감정을 깨닫는 순간 당신은 천문학자가 될 수 있다. 천문학자가 되기 위해 필요한 자질은 그리 대단치 않다. 하늘에 뜬 달빛 하나로도 충분하다.

사진 및 그림 출처

26쪽 EHT Collaboration
35쪽 Harvard College Observatory
38쪽 Harvard College Observatory
47쪽 ESA/Euclid/Euclid Consortium/NASA
49쪽 Stefan Payne-Wardenaar; Magellanic Clouds: Robert Gendler/ESO
86쪽 Houghton Library, Harvard University
88쪽 Houghton Library, Harvard University
89쪽 NASA/JPL/Ted Stryk
94쪽 Hubble, E. P. (1929) Proc. Natl. Acad. Sci. USA 15, 168-173.
100쪽 ESA/ATG medialab/C. Carreau
120쪽 NASA, ESA, CSA, STScI, Brant Robertson (UC Santa Cruz), Ben Johnson (CfA), Sandro Tacchella (Cambridge), Phill Cargile (CfA)
125쪽 NASA, ESA, CSA, STScI, Chris Willott (NRC-Canada), Lamiya Mowla (Wellesley College), Kartheik Iyer (Columbia)
136쪽 NASA, ESA, CSA, STScI
139쪽 NASA/ESA
143쪽 NASA, ESA, and S. Beckwith (STScI) and the HUDF Team
145쪽 NASA, ESA, S. Beckwith (STScI), and The Hubble Heritage Team (STScI/AURA)
149쪽 Monet: Catalogue Raisonné, 1853
151쪽 NASA, ESA, S. Baum and C. O'Dea (RIT), R. Perley and W. Cotton (NRAO/AUI/NSF), and the Hubble Heritage Team (STScI/AURA)
164쪽 NASA
168쪽 De mundi systemate, Issac Newton, 1728

171쪽   NASA, ESA, A. Simon (Goddard Space Flight Center), and M. H. Wong (University of California, Berkeley) and the OPAL team
189쪽   ESA/Hubble & NASA, S. Jha Acknowledgement: L. Shatz
194쪽   ESO/L. Calçada
196쪽   Caltech/MIT/LIGO Lab
205쪽   Museum museorum, Michael Bernhard Valentini, 1704
207쪽   Otto von Guericke: Experimenta nova (ut vocantur) Magdeburgica de vacuo spatio, 1672
215쪽   Principia Philosophiae, Principia Philosophiae, 1644
226쪽   CTIO/NOIRLab/DOE/NSF/AURA Image Processing: D. de Martin & M. Zamani (NSF NOIRLab)
230쪽   V. Rubin and K. Ford, Astrophysical Journal, vol. 159, p.379
235쪽   ESA/Hubble, N. Bartmann
242-243쪽   James Jee (Yonsei University, UC Davis), Sangjun Cha (Yonsei University), Kyle Finner (Caltech/IPAC)
249쪽   Steffen Hess Dr. Leibniz Institute for Astrophysics Potsdam
256쪽   NASA, A. Mellinger/Universidade Central de Michigan, T. Linden/Universidade de Chicago
261쪽   The DEAP Dark Matter Experiment
272쪽   NASA
277쪽   Giovanni Schiaparelli, 1888
283쪽   NASA
287쪽   NASA/JPL-Caltech/MSSS
296-297쪽   ESA/DLR/FU Berlin
301쪽   NASA/JPL-Caltech
309쪽   NASA/JPL-Caltech
313쪽   NASA
316-317쪽   NASA

별과 우주에 관한 가장 인간적인 이야기
우리는 모두 천문학자로 태어난다

초판 1쇄 발행 2025년 10월 31일
초판 2쇄 발행 2025년 12월 25일

지은이 지웅배
펴낸이 민혜영
펴낸곳 오아시스
주소 서울특별시 마포구 월드컵로14길 56, 3~5층
전화 02-303-5580 | 팩스 02-2179-8768
홈페이지 www.cassiopeiabook.com | 전자우편 editor@cassiopeiabook.com
출판등록 2012년 12월 27일 제2014-000277호

ⓒ지웅배, 2025
ISBN 979-11-6827-368-9 03440

이 책은 저작권법에 따라 보호받는 저작물이므로 무단 전재와 무단 복제를 금지하며,
이 책의 전부 또는 일부를 이용하려면 반드시 저작권자와 (주)카시오페아 출판사의
서면 동의를 받아야 합니다.

- 오아시스는 (주)카시오페아 출판사의 인문교양 브랜드입니다.
- 이 책은《별, 빛의 과학》(위즈덤하우스, 2018)의 개정판으로 구성을 새롭게 정리하고, 내용을 보강
  하여 펴냈습니다.
- 잘못된 책은 구입하신 곳에서 바꿔 드립니다.
- 책값은 뒤표지에 있습니다.